许家崖水库大坝安全监测设施
改造提升及标准化管理平台建设研究

刘国良　甄宝丽　著

U0253430

黄河水利出版社

·郑州·

内 容 提 要

本书对许家崖水库的安全监测设施改造提升和标准化管理平台建设进行了详细的阐述。许家崖水库大坝原安全监测软件功能比较单一,仅能实现数据的采集、报表的生成等功能,缺少必要的数据分析、资料整编等功能。大坝安全监测、表面沉降位移监测均基于人工观测,缺乏必要的自动化观测设备,在数据观测的实时性和连续性方面存在不足;水库的视频监控、工程安全监测、水位监测等系统未形成全面覆盖的信息化体系,给日常工程监管造成诸多不便。本书详细论述了需求分析、总体方案、建设内容、系统集成方案、系统安全设计、建设与运行管理、效益分析、施工组织设计、投资预算等方面内容,内容翔实、层次分明,既从理论角度展开叙述,又加强与实践交互,可作为大中型水库信息化建设的参考实例。

本书可供大中型水库信息化及标准化管理平台建设、管理的工程技术人员及相关领域的专业技术人员参考。

图书在版编目(CIP)数据

许家崖水库大坝安全监测设施改造提升及标准化管理平台建设研究/刘国良,甄宝丽著. —郑州:黄河水利出版社,2023.7

ISBN 978-7-5509-3621-8

Ⅰ.①许… Ⅱ.①刘… ②甄… Ⅲ.①水库-大坝-安全监控-设施-改造-研究-费县②水库-大坝-安全监控-标准化管理-建设-研究-费县 Ⅳ.①TV698.2

中国国家版本馆 CIP 数据核字(2023)第 131432 号

组稿编辑:王路平 电话:0371-66022212 E-mail:hhslwlp@ 126. com
陈俊克 66026749 hhslcjk@ 163. com

责任编辑:郭 琼 责任校对:兰文峡 封面设计:李思璇 责任监制:常红昕
出版发行:黄河水利出版社
地址:河南省郑州市顺河路 49 号 邮政编码:450003
网址:www. yrcp. com E-mail:hhslcbs@ 126. com
发行部电话:0371-66020550
承印单位:河南新华印刷集团有限公司
开本:787 mm×1 092 mm 1/16
印张:10
字数:230 千字
版次:2023 年 7 月第 1 版 印次:2023 年 7 月第 1 次印刷
定价:80.00 元

前　言

2018 年,水利部印发《加快推进新时代水利现代化的指导意见》(水规计〔2018〕39号),明确提出全方位推进智慧水利建设,建设全要素动态感知的水利监测体系、高速泛在的水利信息网络、高度集成的水利大数据中心,大幅提升水利信息化、智能化水平。

山东省水利厅先后印发《关于进一步做好全省水库大坝安全监测工作的通知》(鲁水运管函字〔2020〕46 号)、《关于进一步做好 2021 年度大中型水库大坝安全监测设施改造提升工作的通知》(鲁水运管函字〔2021〕50 号),以习近平新时代中国特色社会主义思想为指导,按照水利部和山东省水利厅统一部署,强化水库大坝安全管理,不断加强水利工程运行管理和安全管理,推动水利工程管理水平再上新台阶,为新时代水利改革发展提供坚实保障。

从历史上看,鲁南地区水问题主要是同水旱灾害做斗争,但随着经济社会的发展,水资源短缺、水生态损害、水环境污染等问题成为常态问题。治水的主要矛盾已经发生了变化,目前治水的工作重点也要随之改变,要转变为水利工程补短板、水利行业强监管。许家崖水库大坝原安全监测软件功能比较单一,仅能实现数据的采集、报表的生成等功能,缺少必要的数据分析、资料整编等功能。大坝安全监测、表面沉降位移监测均基于人工观测,缺乏必要的自动化观测设备,在数据观测的实时性和连续性方面存在不足;许家崖水库的视频监控、工程安全监测、水位监测等系统未形成全面覆盖的信息化体系,给日常工程监管造成诸多不便。

为响应中央、省、市建立智慧水利的要求,以及响应"补短板、强监管"的总体要求,通过加强水库自动化、信息化建设,完善水库基础感知体系,建设水库智慧管理平台,提供安全、稳定的运行保障环境,全面提升许家崖水库智慧管理水平,充分发挥水库的防洪、灌溉、供水、发电等综合效益,保障人民群众的生命财产安全,促进区域经济可持续发展。

本书在编写过程中得到了水发规划设计有限公司、费县水利局、山东华特智慧科技有限公司、宁波弘泰水利信息科技有限公司等单位的大力支持和帮助,许多同志参与了本书的调研和实践工作。另外,本书在编写过程中还引用了大量的参考文献。在此,谨向为本书的完成提供支持和帮助的单位,以及所有参与研究的人员和参考文献的作者表示衷心的感谢!

由于作者水平有限,书中难免存在不妥之处,敬请读者朋友批评指正。

作　者
2023 年 5 月

目　录

第 1 章　项目概况

1.1　工程概况

1.1.1　自然地理概况

许家崖水库位于淮河流域沂河水系祊河支流温凉河上,是一座以防洪、灌溉、发电、供水、水产养殖为主的大(2)型水库,坝址位于东经 117°45′、北纬 35°32′的官山—鳌子山一带(东安田村)。许家崖水库距费县县城和临沂市区的距离分别为 13 km 和 57 km,下游 15 km 处有兖石铁路,13 km 处有岚兖公路和 327 国道,23 km 处有日东高速,保护乡镇 25 个、110 万人、95 万亩耕地,水库防洪作用非常重要,同时还有养殖、改善环境和水土保持等综合利用效益。

许家崖水库控制流域面积 580 km²,干流河道长度 54 km,干流比降为 0.001 57。水库总库容为 2.791 1 亿 m³,兴利库容为 1.67 亿 m³,死库容为 0.066 1 亿 m³,流域不对称系数为 0.44,源头高程为 160.00 m,河口高程为 98.90 m,落差为 61.1 m,干流平均坡度为 0.001;流域长度为 42.6 km,流域平均宽度为 13.7 km,流域形状系数为 0.32,河道弯曲系数为 1.53,河网密度为 0.23 km/km²。

许家崖水库于 1958 年 10 月动工兴建,1959 年 10 月竣工。经 1989 年、2013 年两次除险加固工程后达到现有规模。

第一次除险加固:根据《水利部淮委关于〈许家崖水库除险加固工程初步设计〉的批复》(淮委总字〔1988〕52 号),水库加固工程于 1989 年 1 月开工,1991 年 1 月竣工。工程建设主要内容包括大坝加固工程、溢洪闸加固工程、管理单位建设等。

第二次除险加固:工程于 2013 年 11 月 13 日开工,2019 年 1 月 26 日竣工,工程总投资 1.707 5 亿元。工程建设主要内容包括大坝加固工程、溢洪道加固工程、放水洞加固工程、输水隧洞加固工程、自动化监控系统工程、管理设施建设和绿化工程建设等。该工程于 2020 年获得山东省建设协会“泰山杯”质量奖,2021 年获得华东优质工程奖。

许家崖水库按百年一遇洪水设计,按万年一遇洪水校核,正常蓄水位为 147 m(冻结黄海+0.309 m),相应库容为 16 727 万 m³;设计洪水位为 147.38 m,相应库容为 18 208 万 m³;校核洪水位为 150.83 m,相应库容为 27 911 万 m³。

许家崖水库主体工程由大坝、溢洪道、放水洞、输水隧洞等 4 部分组成。工程等别为 Ⅱ 等,主要建筑物(大坝、溢洪道、放水洞、输水隧洞)级别为 2 级,次要建筑物级别为 3 级,临时建筑物级别为 4 级,溢洪道消能防冲设计标准为 50 年一遇洪水。根据《中国地震动参数区划图》(GB 18306—2015),坝区的地震动峰值加速度为 0.10 g,相应地震基本烈度为Ⅶ度。

大坝为黏土心墙砂壳坝,全长 1 214 m,坝顶高程为 151.6 m,最大坝高 31.6 m,坝顶宽 8.5 m,防浪墙顶高程为 152.6 m,设计水位为 147.38 m(百年一遇),校核水位为 150.83 m(万年一遇),兴利水位为 147.00 m,死水位为 131.00 m。

溢洪道闸(道)轴线处大坝桩号为 1+248,溢洪道主要由进水渠、控制段、泄槽、消能设施及出水渠组成。顺水流方向总长 1 203 m,其中进水渠长 79 m,控制段长 24.0 m,出闸室后泄槽段长 482 m,宽度为 66 m,后接挑流鼻坎、消力池,消能设施段长 95 m,底宽 66 m,最后接出水渠长 523 m。垂直水流方向闸室总宽度为 66 m;桥头堡设于闸室左、右岸,0+000 桩号位于闸室下游边缘。闸室采用钢筋混凝土整体式结构,顺水流方向长 24.0 m,垂直水流方向宽 66.0 m,共 5 孔,每孔净宽 12 m,总净宽 60 m,闸底板顶高程为 138.0 m。交通桥桥顶中心高程为 151.60 m,桥总长 69.5 m,桥面净宽 7.0 m,两侧各设 1.0 m 宽的护栏带,交通桥总宽 9 m,设计荷载标准为公路-Ⅱ级。

放水洞位于大坝桩号 0+900 处,放水洞加固维修的内容主要有:建设启闭机房,设引桥与大坝路面相接;更换闸门、启闭机等机电设备,增设拦污栅、检修闸门;新建进口段、闸室控制段、输水涵洞等工程。放水洞工作闸门采用 1.2 m×1.8 m 潜孔式单吊点平面钢闸门,启闭设备采用 QPQ-200 kN 单吊点固定卷扬式启闭机。放水洞检修闸门采用 1.2 m×1.8 m 潜孔式平面钢闸门,采用移动式启闭机。放水洞进口设 1 扇尺寸为 1.3 m×1.8 m 的活动式拦污栅。

输水隧洞加固维修内容主要有:现状进水口浆砌石挡墙维修,进口清理;拆除现有启闭机房,新建启闭机房,设引桥与坝顶相接;更换闸门、拦污栅、启闭机等机电设备;钢筋混凝土洞身内壁喷丙乳砂浆加固处理。输水隧洞工作闸门采用 3 m×3 m 潜孔式平面定轮钢闸门,启闭设备采用 QP2×250 kN 双吊点固定卷扬式启闭机。输水隧洞进口设拦污栅,尺寸为 4.24 m×6.5 m,拦污栅单独设一套启闭设备。

许家崖水库流域地形图见图 1-1。

1.1.2 水文气象概况

许家崖水库所在流域气候属季风区的大陆性气候,四季界限分明,降雨季节性较强,年度之间变差大。年平均气温 13.4 ℃,历年最高气温 39.1 ℃,最低气温-18.3 ℃,多年平均相对湿度为 66%。秋冬季多西北风,夏季多东南风,历年最大风速为 19.7 m/s。库区多年平均降水量为 914.3 mm,最小降水量为 533.3 mm,多年平均年径流深为 350 mm,年内径流分配很不均匀,7—8 月占 65%以上。许家崖水库所处流域地处中纬度地带,夏季冷暖空气活动频繁,激烈碰撞,容易造成大暴雨,水库上游梁邱历来就是暴雨中心,但最大 24 h 暴雨在 200 mm 以上并不多见,1955 年 7 月 12 日最大 24 h 降水量为 205 mm,1956 年 9 月 5 日最大 24 h 降水量为 225.4 mm,1960 年 7 月 2 日最大 24 h 降水量为 227.8 mm,1971 年 8 月 8 日最大 24 h 降水量为 239.9 mm。

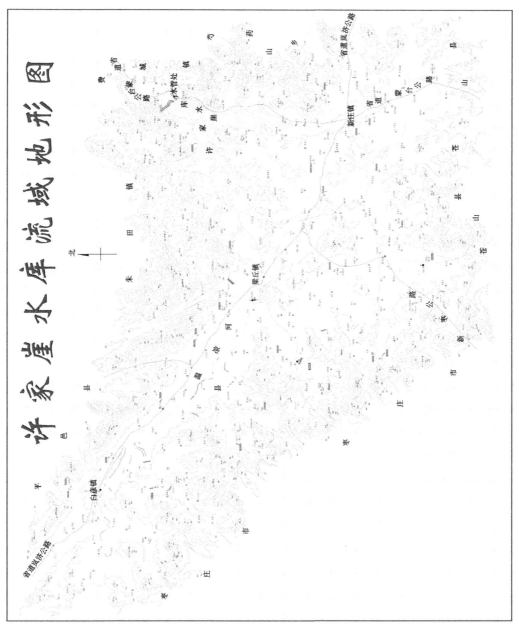

图 1-1 许家崖水库流域地形图

许家崖水库所在流域地下水按类型分为孔隙水和裂隙水两种:①孔隙水,充满在松散的第四系岩层中,孔隙水埋藏于河床的砂层阶地覆盖层中,受大气降水的补给而它本身又补给河水,水位随季节性的变化较大,水质良好。②裂隙水,埋藏在河谷两岸的岩层中,由于它所在岩层及其位置不同,其富水性及动态有所区别。如在中寒武系的厚层鲕状灰岩中,裂隙发育,下部又为砂质页岩所隔,所以富水性较大,常有泉水出露,除个别的补给来源为经常性的泉水外,大部分都是间歇性地随季节变化,补给来源均为天然降水。埋藏在河流两岸的页岩、灰岩夹层中的裂隙水,由于透水性较差,所以富水性不好,且不很均匀,在灰岩夹层中,富水性较页岩为强,地下水位标高一般在 128~132 m,补给河水。

水库流域暴雨主要受太平洋副热带高压影响,由气旋形成。暴雨历时短、强度大、时程分布极不均匀,暴雨笼罩范围广。

许家崖水库所在河流为祊河支流、沂河水系。河水流量与降雨变化规律一致,且年际、年内变化更为剧烈,季节性变化明显,暴雨洪水集中于汛期,枯季流量小甚至干枯,加之水库流域地处山丘,源短流急,洪水过程陡涨陡落,行洪过程时间较短,一般在 24 h 左右,连续复峰时可达 2~3 d。

水库流域内,多年平均降水量为 914.3 mm,多年平均径流量为 1.76 亿 m³。

许家崖水库流域内现有雨量站 10 处,分别为许家崖站、书房站、棠梨树站、王家邵庄站、关阳司站、吴家庄站、高桥站、大朱家庄站、白彦站、赵家茧坡站。许家崖站设立于1953 年,具有 1953—2008 年连续 56 年降水序列;书房站设立于 1967 年 6 月,具有1967—2008 年连续 42 年降水序列;棠梨树站设立于 1961 年 6 月,具有 1961—2008 年连续 48 年降水序列;王家邵庄站设立于 1951 年 6 月,具有 1951—2008 年连续 58 年降水序列;关阳司站设立于 1966 年 6 月,具有 1966—2008 年连续 43 年降水序列;吴家庄站设立于 1960 年 5 月,具有 1960—2008 年连续 49 年降水序列;大朱家庄站设立于 1976 年 6 月,具有 1976—2008 年连续 33 年降水序列;白彦站设立于 1961 年 6 月,具有 1961—2008 年连续 48 年降水序列;赵家茧坡站设立于 1967 年 6 月,具有 1967—2008 年连续 42 年降水序列;高桥站设立于 1961 年 6 月,具有 1961—2008 年连续 48 年降水序列。许家崖水库年最大 24 h 点雨量、年最大 72 h 点雨量分别见表 1-1、表 1-2,雨量站分布情况见图 1-2。

表 1-1　许家崖水库年最大 24 h 点雨量统计　　　　　单位:mm

年份	许家崖	书房	棠梨树	关阳司	吴家庄	赵家茧坡	王家邵庄	高桥	大朱家庄	白彦
1951							80.9			
1952							71.8			
1953	97.4						132.0			
1954	98.6						92.4			
1955	145.1						203.8			
1956	198.1						225.4			
1957	157.1						175.4			

续表 1-1

年份	许家崖	书房	棠梨树	关阳司	吴家庄	赵家茧坡	王家邵庄	高桥	大朱家庄	白彦
1958	105.6						151.4			
1959	37.2						42.4			
1960	150.3			96.8			227.8			
1961	91.3		86.3	65.4			82.9	97.3		77.5
1962	170.0		109.0				129.0	缺测		70.4
1963	128.8		97.2	缺测			172.4	109.7		101.0
1964	117.9		109.2	缺测			109.3	107.2		82.5
1965	78.8		82.4	缺测			88.9	88.2		100.7
1966	72.4		59.1	98.0	120.1		60.8	89.7		75.7
1967	144.7		134.4	213.1	202.2	156.9	174.9	127.8		216.5
1968	54.2		75.6	38.8	50.1	132.4	40.6	90.1		38.0
1969	121.5		88.3	82.2	83.8	70.1	90.1	131.4		85.1
1970	135.5		164.7	162.3	123.8	149.3	151.4	181.2		118.7
1971	193.7		178.5	206.2	131.5	188.9	233.7	164.9		114.8
1972	83.4		87.2	90.7	112.2	85.3	94.6	124.1		79.2
1973	150.8		99.0	89.9	94.6	96.5	119.1	131.6		99.2
1974	140.5		111.1	97.6	106.1	114.6	126.0	120.4		91.8
1975	126.3		142.8	113.9	88.7	91.4	155.4	125		82.7
1976	69.2		65.4	60.1	52.9	缺测	81.8	74.7	58.6	50.6
1977	140.5		106.2	125.5	62.0	81.0	146.5	92.0	71.0	58.5
1978	214.崖		64.8	92.3	81.2	69.1	74.0	73.3	82.4	62.4
1979	73.4		114.0	106.8	128.9	101.7	111.8	122.9	104.6	107.8
1980	111.0	149.0	110.7	130.2	144.0	120.9	135.0	129.8	181.7	173.4
1981	72.9	90.4	70.0	71.2	68.5	57.7	68.3	71.0	58.8	59.5
1982	88.1	84.2	92.2	95.5	109.9	72.7	78.3	84.7	117.3	151.8
1983	78.0	81.7	75.6	92.5	108.0	62.4	82.6	82.4	93.5	89.3

续表 1-1

年份	许家崖	书房	棠梨树	关阳司	吴家庄	赵家茧坡	王家邵庄	高桥	大朱家庄	白彦
1984	94.8	132.3	96.2	118.0	94.5	89.6	120.6	106.5	68.9	81.1
1985	77.4	164.7	125.4	109.6	48.4	149.8	112.8	98.3	79.2	158.7
1986	96.5	67.6	64.7	59.3	68.8	73.7	65.9	101.5	81.2	68.1
1987	131.0	114.6	129.2	119.9	89.6	145.0	122.4	149.6	68.3	80.3
1988	87.8	167.6	101.7	123.2	91.3	81.5	125.5	92.4	81.1	95.6
1989	78.7	94.7	98.3	81.0	98.1	98.7	86.2	115.1	81.0	101.2
1990	109.4	101.3	143.5	136.3	84.1	101.1	137.7	166.1	75.4	100.6
1991	126.8	213.5	183.7	170.6	151.6	138.2	169.6	187.3	190.8	154.9
1992	96.6	92.3	74.9	84.8	64.9	89.2	89.7	75.7	42.4	66.5
1993	284.8	222.4	306.8	292.5	244.5	209.5	283.2	278.2	76.8	145.0
1994	101.5	62.1	86.9	73.1	67.8	162.7	78.8	79.5	88.8	64.2
1995	106.5	112.6	112.9	127.0	159.5	209.5	129.0	100.3	270.2	151.8
1996	77.1	78.6	60.0	77.9	51.0	51.1	83.3	60.3	85.9	75.2
1997	220.0	126.8	156.9	157.8	142.6	185.3	157.7	176.7	72.8	113.3
1998	100.7	97.7	111.1	94.4	97.1	137.2	98.6	133.0	94.7	87.7
1999	89.0	161.8	58.0	118.4	122.8	61.3	121.0	148.2	149.1	131.4
2000	100.9	107.1	84.5	178.1	106.7	85.4	176.6	118.9	161.9	135.6
2001	97.9	98.8	91.5	77.0	86.1	151.0	81.2	82.6	111.3	126.8
2002	70.0	44.6	21.7	46.0	37.4	59.6	54.1	64.5	64.3	54.4
2003	151.3	156.4	104.0	141.4	145.4	143.9	160.5	141.9	106.1	115.5
2004	106.2	119.8	57.6	82.5	113.5	116.4	120.6	113.0	111.4	107.1
2005	131.2	151.3	68.5	128.9	144.8	105.4	142.2	191.2	138.0	147.4
2006	140.5	82.2	156.5	93.3	80.6	137.5	90.1	129.5	83.7	88.1
2007	112.3	130.1	80.0	117.4	139.7	139.9	112.1	150.3	114.1	115.9
2008	81.2	81.4	90.8	85.5	73.3	113.9	73.0	97.0	76.2	78.0
均值	116.4	116.8	103.9	113.0	103.0	114.3	120.7	118.7	101.3	100.7

表 1-2 许家崖水库年最大 72 h 点雨量统计 单位:mm

年份	许家崖	书房	棠梨树	关阳司	吴家庄	赵家茧坡	王家邵庄	高桥	大朱家庄	白彦
1951							129.7			
1952							124.9			
1953	181.2						268.1			
1954	139.8						109.8			
1955	196.6						255.9			
1956	204.4						248.2			
1957	312.0						302.8			
1958	196.8						272.9			
1959	47.5						59.2			
1960	291.6				164.5		362.8			
1961	94.9		95.1		66.2		88.3	97.3		84.8
1962	176.9		118.3				140.0	缺测		92.5
1963	176.8		145.2				183.7	124.3		125.1
1964	154.5		137.7		缺测		137.8	139.7		113.5
1965	143.4		157.8				178.9	140.0		126.5
1966	150.1		140.1	145.1	174.6		128.1	170.4		133.1
1967	164.2	127.5	199.2	252.5	220.7	219.9	198.6	173.6		233.5
1968	78.0	70.3	80.6	57.2	61.3	155.2	65.5	90.1		48.6
1969	131.1	104.0	121.5	105.0	117.0	116.1	110.0	138.4		85.1
1970	176.3	228.5	222.8	207.3	150.6	208.8	230.5	222.5		192.2
1971	244.7	310.9	197.4	234.2	146.2	240.2	253.9	194.5		165.6
1972	84.7	131.0	95.0	92.4	112.2	85.3	96.6	125.9		79.2
1973	160.8	193.3	172.1	151.0	168.9	157.2	174.7	156.4		124.6
1974	165.8	154.3	155.1	153.6	111.4	133.5	157.4	155.1		97.5
1975	127.2	174.4	143.6	114.6	89.6	91.4	156.4	125.8		87.0
1976	111.0	80.3	71.0	74.5	67.1	缺测	103.5	88.6	68.3	66.6
1977	140.7	165.5	115.5	153.6	98.9	81.0	164.2	92.3	94.7	84.0
1978	220.2	85.3	73.1	102.4	95.0	71.7	83.7	80.3	84.0	70.0
1979	85.3	125.2	128.6	112.3	136.8	121.8	118.0	134.7	106.6	115.0
1980	111.1	149.0	110.7	130.2	144.0	121.1	135.0	130.7	181.7	173.6
1981	75.4	91.4	70.3	71.2	78.6	58.6	68.4	71.0	77.5	68.5

续表 1-2

年份	许家崖	书房	棠梨树	关阳司	吴家庄	赵家茧坡	王家邵庄	高桥	大朱家庄	白彦
1982	88.8	84.5	113.5	99.6	120.9	92.3	87.3	128.8	129.0	166.1
1983	87.1	89.8	86.9	97.6	111.9	80.9	94.3	93.0	100.9	95.0
1984	122.1	142.5	109.5	135.8	112.3	105.7	133.3	125.8	113.6	121.5
1985	80.9	167.2	127.2	84.6	54.4	151.9	113.4	100.4	106.4	185.8
1986	111.1	70.7	97.0	65.5	93.5	89.6	72.6	103.3	84.4	71.4
1987	131.6	114.6	131.1	113.3	106.1	154.2	122.6	153.2	68.4	96.6
1988	138.1	208.5	155.3	158.1	141.5	148.3	173.8	129.2	110.1	137.0
1989	98.9	117.4	106.3	117.1	124.5	125.2	108.8	120.2	106.2	111.0
1990	164.3	105.2	153.0	126.2	104.5	146.2	143.3	174.2	83.8	107.8
1991	163.6	241.0	194.3	206.9	197.2	155.4	199.5	207.2	257.3	165.4
1992	105.5	124.2	120.4	118.9	107.7	144.9	115.1	124.7	57.1	67.6
1993	287.9	249.5	347.7	243.9	256.2	223.5	311.9	299.6	97.2	147.8
1994	127.3	88.0	96.1	65.9	68.2	179.6	80.0	91.3	112.2	99.8
1995	143.7	117.9	152.6	114.2	220.5	223.5	163.4	128.0	330.6	201.1
1996	89.2	84.7	60.0	69.6	51.2	58.6	83.4	92.2	86.2	75.2
1997	226.6	133.7	159.6	119.8	188.9	187.5	160.9	179.3	73.4	143.0
1998	102.4	119.8	111.8	102.6	139.7	145.3	120.3	149.8	139.1	143.3
1999	89.0	161.8	74.9	101.5	122.9	64.5	121.0	148.2	149.1	131.4
2000	105.0	117.7	91.6	102.7	129.2	91.7	177.8	130.6	183.8	141.2
2001	135.0	109.4	155.5	93.8	89.6	156.4	93.1	151.4	111.3	126.8
2002	79.0	44.6	56.3	46.0	37.8	91.2	57.0	106.8	64.3	54.6
2003	152.4	168.7	145.0	141.4	146.7	169.6	166.5	164.3	139.1	138.0
2004	106.2	127.0	109.1	113.2	114.2	122.6	120.9	117.6	132.1	109.4
2005	156.5	162.3	68.5	143.9	151.9	141.5	162.5	207.1	196.9	198.7
2006	211.0	110.8	222.5	100.8	87.8	162.2	106.1	171.6	92.4	94.2
2007	143.9	141.4	103.7	129.2	220.4	147.2	127.0	162.2	181.7	199.4
2008	110.1	99.6	105.4	106.3	92.0	146.2	91.6	115.2	103.4	105.6
均值	144.6	135.6	129.3	122.7	124.3	135.8	149.3	138.9	121.9	120.9

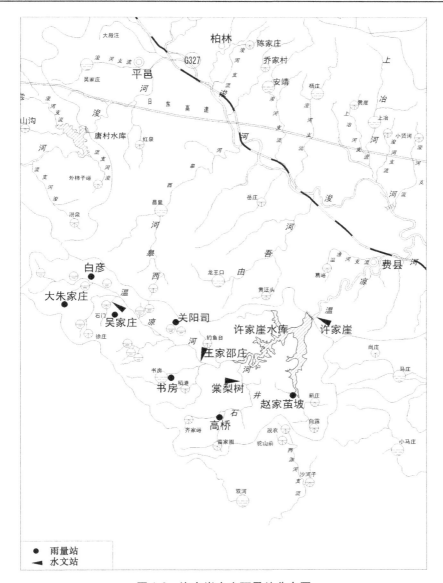

图 1-2 许家崖水库雨量站分布图

1.1.3 地层岩性

许家崖水库坝区地处鲁中南块隆中低山区,属尼山单斜断块低山、丘陵地貌分区。库区周围四面是低山、丘陵,为一相对汇水低洼地。库区周围最高海拔在库区西部望海楼,海拔为 562.2 m。库区水系总属沂河水系祊河支流,入库河流温凉河属季节性河,源短流急。库坝区地貌形态以低山丘陵、河谷地貌两种类型为主。库区出露的基岩主要为晚太古代侵入岩、元古代侵入岩及寒武系沉积岩地层,它们组成库区周围的低山丘陵地貌;第四系松散层一般沿河谷呈带状分布在河床两侧,另外在山麓坡脚处有少量分布。

现将库区地层岩性特征及分布简要介绍如下。

1.1.3.1 侵入岩

库区出露的基岩以侵入岩为主,并以前寒武纪深成侵入岩为主,岩石多呈北西向带状展布。库区分布的侵入岩由老到新简述如下。

1. 晚太古代五台期峰山岩序

晚太古代五台期峰山岩序主要是晚太古代新甫山阶段侵入岩,为一套闪长岩—英云闪长岩—花岗闪长岩的有机组合,在成因类型、演化趋势及岩性基本特征等方面,都具有一定的规律性,属较典型的太古宙岩浆岩组合,并反映出同源演化的特征,由于受阜平运动的影响而普遍片麻理化。根据岩石特征、侵位先后,划分为两个岩簇。

1)四亩地岩簇

四亩地岩簇是峰山岩序早阶段侵入岩,出露较少,主要为不同特征的闪长岩类,包括百草房中粗粒基性角闪闪长岩、曹山子中细粒黑云石英闪长岩和上刘庄中粗粒英云闪长岩三个单元。均呈北西向条带并列展布,岩性普遍片麻理化,暗色矿物含量高,属碱钙性系列。

以上三个单元主要分布于库区西部、西南部及南部。

2)官路顶岩簇

官路顶岩簇为一套花岗闪长岩组合,它继承了四亩地岩簇的演化趋势,继续向酸性演化,包括鱼鳞尖中粗粒花岗闪长岩、杨树行粗粒石英二长闪长岩和蒋家山口细粒花岗闪长岩三个单元。前者分布广泛,出露面积最大,后两者出露面积比较局限。呈岩株、岩枝或条带状产出,多为整合侵入体,也普遍片麻理化。暗色矿物逐渐减少,属碱钙性系列。

2. 元古代侵入岩

元古代侵入岩主要分布于库区西部、西南部及南部部分地区,在空间上与晚太古代岩浆岩共生。根据岩性、岩体形态及其成因类型可分为三个岩序:四海山岩序、魏家沟岩序和牛岚岩序。

1)四海山岩序

四海山岩序包含傲徕山阶段的花岗质岩石,它是晚太古代岩浆活动的继续和发展,主要发育石屋山岩簇两个单元:贾家沟中粗粒二长花岗岩和石屋山后细粒钾长花岗岩。

贾家沟中粗粒二长花岗岩,出露面积较大,呈岩株和岩基状,侵入峰山岩序的花岗闪长岩中,受五台运动影响,具弱片麻理,部分地段糜棱岩化。岩性内部基本均匀,交代结构发育,斜长石多于钾长石,属钙碱性系列。

石屋山后细粒钾长花岗岩,一般呈岩脉状或墙状产出,岩石中的钾长石远大于斜长石,属钙碱性系列。

2)魏家沟岩序

魏家沟岩序为新建的岩序,泛指在四海山岩序侵位之后,发育于早元古代晚期的一组中基性岩浆,库区仅包括一个魏家沟斑状黑云石英闪长岩。

魏家沟斑状黑云石英闪长岩,一般呈岩席状侵入于四海山岩序及其以前的岩体中,厚2~5 m,长 2~5 km,斑晶稀少,以斜长石为主,属钙碱性系列。

3)牛岚岩序

牛岚岩序为新建的岩序,代表了地壳固化之后的一次区域性基性岩脉活动,主要发育辉绿岩—煌斑岩,库区仅存胡茧场单元。

胡茧场辉绿岩,呈岩脉状分布在燕甘断裂西侧,中粗粒辉绿结构,宽 1~5 m,长数百米至千余米。

1.1.3.2　沉积岩

库区出露的沉积岩为古生界寒武系地层,分布于库区中东部周围的山岭上部,从老到新分述如下。

1. 馒头组

馒头组分布于坝址区毛庄组地层以下,缺失一段沉积,二段为灰色中厚层泥晶灰岩、砂屑灰岩、云斑灰岩,下部夹细晶白云岩,底部少量砂砾岩,与下伏角度不整合。三段为黄灰色薄层泥纹泥晶灰岩,夹泥质灰岩。沉积环境为潮坪—潟湖相。

2. 毛庄组

毛庄组主要分布于许家崖一带及坝址区,伴随着馒头组分布。下部为紫红色含云母粉砂岩、砂质页岩;中部为紫红色云泥岩和黄灰色链条状泥质灰岩;上部为肝紫色中厚层粉细砂岩、页岩夹桃形石灰岩和生物碎屑灰岩。沉积环境为潮坪相。

3. 徐庄组

徐庄组主要分布于库区两侧的山坡上以及坝址区东北侧。岩性为灰紫色、绿灰色中薄层泥铁质粉砂岩、含海绿石细砂岩,底部为厚层砂屑鲕粒灰岩,形成于潮坪环境。

4. 张夏组

张夏组广泛分布于库区中部,岩性十分明显:一段为灰色厚层亮晶—泥晶鲕粒灰岩、藻鲕粒灰岩;二段为黄绿色页岩,夹薄层饼状泥晶灰岩;三段为厚层至块状藻灰岩夹鲕粒灰岩。其沉积环境分别为台地边缘滩、浅海陆棚和台地前缘斜坡相带。

5. 崮山组

崮山组分布基本同张夏组。下部为黄灰色疙瘩状泥晶灰岩和黄绿色页岩互层;上部为灰—灰黄色中薄层泥质条带云斑泥晶灰岩,夹少量页岩。属陆棚内缘斜坡至台地前缘斜坡相带环境沉积。

6. 长山组

长山组伴随着崮山组分布。其岩性为黄灰色厚层竹叶灰岩和中薄层泥质条带泥晶灰岩互层,夹多层褐灰色鲕粒灰岩,为台地前缘斜坡相带沉积物。

7. 凤山组

凤山组主要分布于库区中北部郭家山山顶。岩性具二分性,下部为浅灰色厚层藻灰岩、云斑灰岩;上部为褐灰色厚层状中—细晶白云岩。沉积环境下部属台地边缘礁滩相带,上部为开阔台地相带,被后期白云岩化。

1.1.3.3　第四系地层

1. 山前组

山前组主要为褐黄色至棕红色,含黏土质岩屑粉砂和砂质黏土,夹有不定量的砂或砾石,富含铁锰质结核和钙质姜石,不显层理,具方格状及网状裂隙,反映为干热气候环境残坡积产物。属第四纪中更新统至全新统,以坡积物为主,伴有一定的洪积物和残积物,厚度为 1~5 m。该层主要分布在坝址区(下游)河流两侧的丘陵坡地上。

2.沂河组

沂河组主要岩性为灰黄色砂、砾石,是现代河流冲积产物,属上全新统至现代河床相,厚度为 1~4 m,该层主要沿河流分布。

许家崖水库区域地层情况见图 1-3。

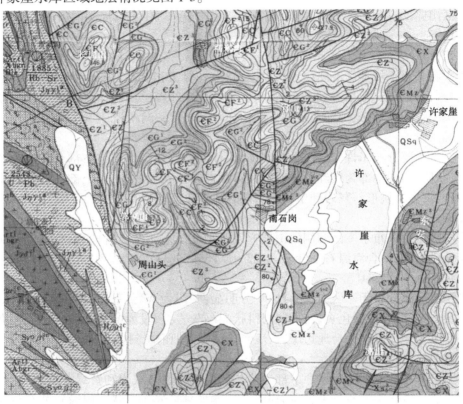

图 1-3　许家崖水库 1:5 万区域地质图

1.1.4　坝体工程地质

1.1.4.1　大坝坝体质量

1.防浪墙

坝顶防浪墙为浆砌石结构,石料为灰岩,长度为 1 214 m,墙顶高程为 152.60 m,墙高约 1.2 m、宽 0.4 m,砌筑质量一般。大坝顶部为新修沥青混凝土路面,质量较好。

2.接高心墙

大坝桩号 0+000 ~ 1+020 段,防浪墙与接高心墙结合较好(桩号 0+250、0+400、0+700、1+000 探槽揭露)。大坝桩号 1+020 ~ 1+214 段,防浪墙与接高心墙未结合,防浪墙与接高心墙间存在 0.3 m 的含土角砾夹层,层底高程为 150.87~151.06 m,该料与前后砂壳料基本一致,渗透系数为 $4.75×10^{-2}$ cm/s,具强透水性,会形成渗漏通道,存在渗透变形问题。

大坝桩号 0+000 ~ 1+020 段接高心墙土质较好,土质以壤土为主,局部为黏土,土的压缩系数为 0.12~0.38 MPa^{-1},具中等压缩性;干密度一般为 1.59~1.72 g/cm^3,最大干密度为 1.80 g/cm^3,压实度为 0.88~0.96,压实度小于 0.98 的土样约占 100%;塑性指数为 13.8~17.9;黏粒含量为 28.5%~33.1%;室内试验渗透系数为 2.25×10^{-6}~6.95×10^{-5} cm/s,其中大于 1.0×10^{-5} cm/s 的占 74.2%;注水试验渗透系数为 1.78×10^{-5}~7.55×10^{-5} cm/s,其中大于 1.0×10^{-5} cm/s 的占 100%,具弱透水性,防渗性一般。

大坝桩号 1+020~1+214 段接高心墙土质较为杂乱,以砾质壤土为主,混杂较多页岩碎块,局部页岩呈夹层,该层层底高程为 149.54~150.36 m,土的压缩系数为 0.38~0.52 MPa^{-1},具中等-高压缩性;干密度一般为 1.52~1.60 g/cm^3,最大干密度为 1.80 g/cm^3,压实度为 0.84~0.89,压实度小于 0.98 的土样约占 100%;塑性指数为 12.9~14.1;黏粒含量为 24.7%~29.6%;注水试验渗透系数为 6.20×10^{-4}~8.55×10^{-4} cm/s,具中等透水性,影响坝体安全。

大坝接高心墙土质按《水利水电工程天然建筑材料勘察规程》(SL 251—2015)防渗体土料质量指标评价如下:

(1)填土为壤土的,其塑性指数、黏粒含量基本符合规程要求,但渗透系数大部分不符合规程技术要求。

(2)填土为砾质壤土的,其塑性指数、黏粒含量基本符合规程要求,渗透系数不符合规程要求,具中等透水性,防渗能力差。

按《碾压式土石坝设计规范》(SL 274—2020)黏性土填筑标准,接高心墙壤土的压实度实测 30 点(样),全部不合格,总体认为 1+020~1+214 段接高心墙填筑质量较差,其余坝段质量尚可。

3. 心墙(原心墙)

大坝心墙土料来源主要为第四系冲洪积物及少量残坡积物,故坝体土质不均匀,坝体土一般呈黄褐色-灰褐色,可塑-硬可塑,岩性以壤土为主,含较多中粗砂,局部为黏土。

大坝桩号 0+000~0+970 段,心墙土质以壤土为主,局部为黏土,土质较好。土的压缩系数为 0.10~0.42 MPa^{-1},具中等压缩性;干密度一般为 1.52~1.77 g/cm^3,最大干密度为 1.80 g/cm^3,压实度为 0.84~0.98,压实度小于 0.98 的土样约占 94.6%;塑性指数为 12.5~19.5;黏粒含量为 28.3%~43.0%;室内试验渗透系数为 6.04×10^{-7}~2.82×10^{-4} cm/s,其中大于 1.0×10^{-5} cm/s 的占 78.9%;注水试验渗透系数为 2.20×10^{-5}~8.72×10^{-5} cm/s,其中大于 1.0×10^{-5} cm/s 的占 100%,具弱透水性,防渗性一般。

大坝桩号 0+970~1+214 段,由于处于坝端,施工时土料不够,填筑料为壤土,含较多页岩碎块,局部页岩呈夹层,土质较差。土的压缩系数为 0.37~0.51 MPa^{-1},具中等-高压缩性;干密度一般为 1.38~1.56 g/cm^3,最大干密度为 1.80 g/cm^3,压实度为 0.77~0.87,压实度全部小于 0.98;塑性指数为 8.8~13.2;黏粒含量为 21.5%~26.6%;注水试验渗透系数为 5.25×10^{-4}~2.80×10^{-3} cm/s,其中大于 1.0×10^{-5} cm/s 的占 100%,具中等透水性,防渗能力较差,且该处断面形状较小,易形成渗漏通道,威胁大坝安全,层底高程在 142.86~145.44 m。

大坝心墙土质按《水利水电工程天然建筑材料勘察规程》(SL 251—2015)防渗体土料质量指标评价如下:其塑性指数、黏粒含量基本符合规程要求,但渗透系数不符合规程技术要求。按《碾压式土石坝设计规范》(SL 274—2020)黏性土填筑标准,坝体心墙壤土的压实度实测 128 点(样),合格 6 点,合格率仅为 4.7%,总体认为桩号 0+000~0+970 段心墙填筑质量尚可,桩号 0+970~1+214 段心墙填筑质量较差。

结合 1987 年地质报告,主河床砂层采取齿墙截渗,宽度 6 m,齿墙土质为壤土,压缩系数为 0.03 MPa^{-1},渗透系数为 0.01 m/d,齿墙防渗效果较好,齿墙与基岩接触较好,齿墙允许比降建议为 4.0。但齿墙桩号 0+110~0+330 段位于薄层泥灰岩上,层厚 0.6~0.9 m,层底高程为 116.96~117.16 m,裂隙发育,渗透系数达 1.67×10^{-3} cm/s,具中等透水性,齿墙与岩石间存在接触冲刷问题。

1.1.4.2　坝基地质

许家崖水库坝基主要由第四系松散层及寒武系沉积岩组成。第四系松散层主要为山前组的壤土、沂河组的中粗砂。寒武系沉积岩为毛庄组页岩夹泥灰岩。

第四系地层由上到下共分为 2 层,简述如下:

(1)中粗砂:黄褐色,松散-稍密,稍湿-饱和,石英、长石质,磨圆一般,含少量砾石。分布于主河床及漫滩桩号 0+070~0+450 段,揭露厚度为 2.4~5.4 m,层底高程为 117.91~119.14 m。

(2)壤土:黄褐-红褐色,可塑-硬可塑,局部为沙壤土,混杂风化页岩碎块,切面稍滑,干强度及韧性中等。分布于主河床右侧桩号 0+450~0+970 段,揭露厚度为 1.0~2.6 m,层底高程为 121.56~140.81 m。

寒武系沉积岩简述如下:

(1)钙质页岩夹砂岩为毛庄组地层,以钙质页岩为主,局部为紫红色含云母粉砂岩、粉细砂岩,水平层理发育,岩石产状近于水平。强风化带节理裂隙较发育,岩石较破碎,岩芯呈薄饼状,采取率 30%~50%,层厚为 1.5~3.6 m,层底高程为 116.11~148.91 m,为极软岩,岩体质量级别 Ⅴ 类,岩体结构为碎裂结构。弱风化带节理裂隙一般发育,岩石较完整,岩芯呈短柱-长柱状,采取率为 70%~90%,为软岩,岩体质量级别为 Ⅳ 类,岩体结构为中厚层状结构。

(2)泥灰岩为毛庄组地层,灰色-青灰色,水平层理发育,岩石产状近于水平,岩石呈弱风化,节理裂隙一般发育,岩石较完整,岩芯呈短柱-长柱状,采取率为 70%~80%,为较软岩,岩体质量级别为 Ⅲ 类,岩体结构为中厚层状结构。

钙质页岩夹砂岩的压水试验透水率为 3.4~31.4 Lu,平均值为 11.9 Lu,大值平均值为 17.8 Lu,具弱-中等透水性。

钻探揭示泥灰岩夹层,岩石较完整,岩芯一般呈短柱-长柱状,存在轻微溶蚀现象,未发现溶洞,该层压水试验透水率为 20.7~74.8 Lu,平均值为 38.3 Lu,大值平均值为 53.5 Lu,具中等透水性。

1.1.4.3　溢洪道工程地质

现状溢洪道溢洪闸基础下为强风化钙质页岩夹砂岩,岩性较为单一,但岩石风化较严重,节理裂隙及水平层理均较发育,强风化钙质页岩夹砂岩允许承载力建议采用 350 kPa。

由于现状闸基下部存在厚约 0.5 m 的泥灰岩,具中等透水性,该层层底高程为 135.95~136.45 m,为防止该层渗漏加大引起渗透变形问题,建议挖除该层。建基面底高程采用 135.50 m,以弱风化钙质页岩夹砂岩作为基础持力层,溢洪闸基础底面与弱风化钙质页岩夹砂岩间的抗剪断摩擦系数 f' 建议采用 0.60,抗剪断黏聚力 C' 建议采用 0.05 MPa,抗剪指标 f 建议采用 0.50(数据采用武汉大学工程检测中心现场试验数据)。

溢洪闸下部岩石中存在泥灰岩夹层,具中等透水性,建议采取灌浆防渗,灌浆深度可至高程 121 m 附近,同时为防止闸室两侧绕渗带来的危害,建议在闸室后缘打几个减压井,从而减小闸基的渗透扬压力。

溢洪闸上、下游翼墙基础坐落于强风化钙质页岩夹砂岩上,强风化钙质页岩夹砂岩允许承载力建议采用 350 kPa。溢洪闸上、下游翼墙基础底面与强风化钙质页岩夹砂岩间的抗剪断摩擦系数 f' 建议采用 0.40,抗剪断黏聚力 C' 建议采用 0.05 MPa,抗剪指标 f 建议采用 0.30。

泄槽段表层为强风化钙质页岩夹砂岩,节理裂隙较为发育,局部发育节理密集带,抗冲能力低,建议采取工程加固措施。钙质页岩夹砂岩允许抗冲流速建议采用 2.0 m/s。

泄槽首端高程 138.0 m,末端高程 127.05 m,泄槽末端接挑流鼻坎,溢洪道底高程在 130.0~138.0 m,开挖较少,开挖岩石全部为强风化钙质页岩夹砂岩,岩石开挖级别为 V 级。

挑流鼻坎底部齿墙底高程为 120.73 m,坐落于中风化钙质页岩夹砂岩上,承载力建议采用 800 kPa。

消力池段岩石开挖较多,大部分为弱风化钙质页岩夹砂岩,表层有少量强风化钙质页岩夹砂岩,岩石开挖级别,强风化钙质页岩夹砂岩为 V 级,弱风化钙质页岩夹砂岩为 Ⅷ级。

消力池段岩性以强-弱风化钙质页岩夹砂岩为主,岩石节理裂隙发育,抗冲能力差,建议左岸挡土墙基础适当加深。

出水渠段地质条件比较复杂,存在断层破碎带,岩石较破碎,抗冲刷能力弱,建议对局部进行开挖护砌。

左右岸边坡高度为 5~10 m,组成边坡岩性主要为壤土、含土角砾、钙质页岩夹砂岩,属岩土混合低陡峻边坡,产状水平利于边坡稳定。开挖坡比建议采用含土角砾、壤土1:1.50,强风化钙质页岩夹砂岩 1:0.75。

强风化钙质页岩夹砂岩允许抗冲流速建议采用 1.0 m/s,弱风化钙质页岩夹砂岩允许抗冲流速建议采用 3.0 m/s。

溢洪道岩石的开挖级别,强风化钙质页岩夹砂岩为 V 级,弱风化钙质页岩夹砂岩为Ⅷ级。

1.1.4.4　放水洞工程地质

放水洞基础为强风化钙质页岩夹砂岩,岩石稍软,力学强度一般,具中等透水性。现状老放水洞仅在前后封堵,洞内呈有压性质,对坝体不利。放水洞两侧渗漏较严重,存在渗透破坏的可能,建议拆除重建。放水洞基础底面与强风化钙质页岩夹砂岩间的抗剪断摩擦系数 f' 建议采用 0.32,抗剪断黏聚力 C' 建议采用 0.04 MPa,抗剪指标 f 建议采用 0.24。

放水洞砌石廊道渗透稳定评价:放水洞砌石廊道渗漏严重,廊道与两侧心墙填土结合不密实,物探表明廊道两侧渗漏异常,说明廊道与心墙间存在接触冲刷的可能,为了大坝安全,建议拆除重建老放水洞,并用塑性指数稍大的黏性土密实回填两侧。

输水隧洞采用隧道,但岩石节理裂隙较发育,岩石透水性稍大。现状输水洞右侧岩石渗漏很严重,建议结合左岸坝头防渗工程对输水洞周围采取灌浆防渗。

1.1.5 河流水系

许家崖水库水源地位于淮河流域沂河水系祊河支流温凉河上,温凉河为祊河内较大支流,属淮河流域沂河水系二级支流。

祊河发源于山东省平邑县白彦镇的大筐崮(现名太皇崮)。祊河上源,北源谓浚河,为祊河干流之上源;南源谓温凉河,为祊河较大支流。浚河、温凉河二河汇于南东洲村,以下始谓祊河,流经山东省费县梁邱镇、费城镇、胡阳镇、探沂镇、新桥镇,临沂市兰山区义堂镇,在临沂市北汇入沂河。

温凉河源出平邑县南部太皇崮,东流经白彦至关阳司入费县境,又经梁邱镇东北流入许家崖水库,出水库绕费城东南,在南东洲处汇浚河(温凉河长 86 km,流域面积为 750 km²),东流经麻绪南再东南流入临沂市境,在临沂市东北汇入沂河。祊河全长 158 km(按浚河源至河口),流域面积为 3 376.32 km²,下游河床宽 400 m 左右。汇合口以上浚河长 112 km,流域面积为 2 626.32 km²。河北岸有上冶河、薛庄河、胡阳河、方城河、古城河等河注入;南有朱田河、朱龙河、丰收河等河注入。

1.1.6 工程概况

1.1.6.1 工程基本情况

许家崖水库枢纽工程由大坝、溢洪道(闸)、放水洞、输水隧洞 4 部分组成。

1. 大坝

坝型为宽心墙沙壳坝,大坝全长 1 214 m,坝顶高程(黄海)为 151.6 m,防浪墙顶高程为 152.6 m,最大坝高 31.6 m,坝顶宽 8.5 m(包括防浪墙宽 0.5 m)。

2. 溢洪道(闸)

大坝右岸建有 5 孔溢洪闸,闸室采用钢筋混凝土整体式结构,顺水流方向长 24.0 m,垂直水流方向总宽 66.0 m,每孔净宽 12 m,总净宽 60 m,闸底板顶高程为 138.0 m,厚 1.2 m,闸墩处底板厚 2.0 m,垫层采用 C15 混凝土,厚 0.1 m;上、下游设齿墙,上游齿墙底高程为 135.0 m,下游齿墙底高程为 136.0 m;闸墩顶高程为 151.60 m,中墩厚 1.5 m,上、下游墩头均为半圆形,边墩为衡重式结构,顶宽 1.0 m。为了增加闸左、右侧绕渗渗径,设刺墙,墙顶高程为 150.60 m,墙厚 0.6 m,与闸墩墙连接,墙间设止水。

泄洪闸工作闸门采用 12 m×9.5 m 弧形钢闸门,闸门布置在上游侧,闸顶高程为 138 m,配 QH-2×25 t 固定卷扬式启闭机启闭。工作闸门上游设 5 块 12 m×1.8 m 叠梁式检修闸门,采用 2×10 t 电动葫芦起吊。

3. 放水洞

放水洞位于大坝 0+900 m 处,洞身采用 1.2 m×1.8 m 钢筋混凝土方涵,壁厚 0.5 m,钢筋混凝土洞身总长 126.93 m。转弯段位于大坝下游坝坡后道路处,洞身转弯半径为 15 m,转弯角度为 15.25°,增设渐变段钢筋混凝土方涵一节,与下游闸阀室平顺连接,长度为

12.42 m,下游与尾水渠道相接。进口底高程为 127.2 m,出口底高程为 126.37 m,设计流量为 15.96 m³/s。

4. 输水隧洞

输水隧洞为水电站发电隧洞,位于大坝 0+000 m 处,隧洞内径为 3.0 m。进口高程为 127.0 m,洞长 157.73 m。

许家崖水库于 1989 年 1 月 17 日进行第一次除险加固,1991 年 1 月 18 日全面完成施工任务。2013 年 11 月 13 日进行第二次除险加固,2015 年底主体工程全部完成,2016 年底完成全部建设任务。2019 年 1 月 26 日顺利通过山东省水利厅主持的竣工验收。

许家崖水库除险加固工程在水利部和山东省水利厅 2014 年度重点水利工程项目稽查活动中得到了专家组的高度评价。2014 年获得山东省水利厅"文明工地"称号,2016 年获得淮河水利委员会"治淮文明工地"称号,2020 年获得山东省建设协会"泰山杯"质量奖,2021 年获得华东六省一市优质工程奖。

许家崖水库相关图见图 1-4~图 1-7。

图 1-4　水库流域简图

图 1-5　大坝外观图

图 1-6　坝前干砌石护坡

图 1-7　水库枢纽工程图

1.1.6.2　**水库控制运用的主要指标**

防洪标准:设计洪水标准为百年一遇,对应高程为 148.39 m。校核洪水标准为万年一遇,对应高程为 151.60 m。

(1)允许最高水位为 149.90 m(临政汛旱〔2001〕14 号),相应库容为 24 782 万 m³,闸门全开泄量为 3 820 m³/s。

(2)警戒水位为 148.39 m(临政汛旱〔2001〕14 号),相应库容为 20 640 万 m³,闸门全开泄量为 3 120 m³/s。

(3)汛中限制水位为(简称汛限水位)145.00 m,相应库容为 13 289 万 m³,闸门全开泄量为 1 722 m³/s。

(4)允许超蓄水位为 146.50 m(8 月 15 日后),相应库容为 16 277 万 m³,闸门全开泄量为 2 111 m³/s。

(5)汛末蓄水位为 147.00 m,相应库容为 17 366 万 m³,闸门全开泄量为 2 511 m³/s。

(6)下游河道安全泄量为 2 200 m³/s,下游区间洪峰流量为 1 600 m³/s,溢洪闸下泄安全泄量为 600 m³/s。

1.1.6.3　**洪水调度方案**

洪水调度权限归费县人民政府防汛抗旱指挥部。

1. 正常洪水调度方案

(1)若雨前库水位低于汛限水位 145 m,预计雨后水位仍不超过汛限水位,可不开闸泄洪。

(2)雨前水位已达汛限水位 145 m,遇日净雨 164 mm,可按 600 m³/s 控制泄洪,不中断温凉河大桥通车,南巩庄、费城东南部居民做好转移准备,沿河村镇做好转移准备。此时闸门最优开度为 1.01 m。预计库水位不超过 147.92 m。

2. 非常洪水调度方案

1)允许最高水位和警戒水位的确定

允许最高水位取千年一遇的最高洪水位 149.9 m。

警戒水位是为防范水库可能出现险情的高水位。预报水库水位将达到或超过此水位时,防汛抢险队必须上坝加强防守,并做好采取非常应急措施的准备,根据现状防洪能力确定百年一遇洪水位 148.39 m 为警戒水位。

2)非常洪水调度方案

雨前库水位已达汛限水位,遇日净雨 407 mm,预计最高库水位不超过 149.9 m,闸门分级泄洪,水位在 147.92 m 以下时,闸门开度为 1.01 m,水位在 147.92 m 以上时全开泄洪。

以规定的联络信号通知下游石岗、下泉、于家泉、王家村、南坡、神桥、南北巩庄、城区、鲁公庙、下河头、王家林、北王庄、城头等 13 个村镇 10 951 户 43 600 人做好安全转移工作。

1.1.7　大坝监测设施概况

水库大坝为 2 级坝,加强其工程观测工作是十分必要的,根据《碾压式土石坝设计规范》(SL 274—2020)、《土石坝安全监测技术规范》(SL 551—2012)的要求,水库工程观测项目内容包括:①大坝位移观测,包括垂直位移和水平位移两部分观测内容;②大坝渗流观测,包括坝体渗流压力监测、坝基渗流压力监测及绕坝渗流监测。

1.1.7.1　大坝位移观测

1. 水准基点

竖向位移观测在大坝左岸岩石上布置 4 个起测基点,配合 1 套 J1 级自动调平水准仪用于沉降测量,工作基点采用 φ600 钻孔灌注桩。

2. 平面基准点

水平位移观测采用视准线法。下游坝坡两排工作基点、校核基点设在左岸岩石上。因受地形条件制约,坝肩两排工作基点、校核基点布设在坝左端岩石上,水平位移工作基点共计 6 个,水平位移校核基点共计 6 个。配合 1 套 J2 级精密经纬仪用于水平位移测量。要求每 2 个基点与水平位移测点在同一条视准线上,且视准线通视。工作基点采用 φ600 钻孔灌注桩。

3. 沉降及水平位移观测

大坝的水平位移通过综合标进行观测,即将大坝的水平位移与沉降观测结合起来,分设在大坝桩号 0+050、0+150、0+250、0+350、0+450、0+550、0+650、0+750、0+900 对应断面上,共设 27 个测点。水平位移测点与左右岸工作基点设在同一视准线上。

4. 初始值测量记录

水平位移应分别在工程竣工前、竣工后立即观测一次,以后再根据工程运行情况及相关规程、规范要求不定期进行观测。

1.1.7.2　大坝渗流观测

1. 坝体渗流压力观测

坝体渗流压力观测包括观测断面上的压力分布和浸润线位置的确定,坝体渗流压力观测可通过埋设测压管进行观测,根据许家崖水库的具体情况,坝体设置 9 个观测断面,分设在大坝桩号 0+050、0+150、0+250、0+350、0+450、0+550、0+650、0+750、0+900 处,共计 45 个测点。

测压管采用 φ50 钢管,由导管、进水管和沉淀管 3 部分组成。进水管段需渗水通畅、不堵塞,外包扎过滤层;导管要求管壁不透水,管口需加装保护装置。

2. 坝基渗流压力观测

坝基渗流压力观测可通过埋设测压管进行,根据许家崖水库的具体情况,坝体设置 9 个观测断面,每个断面 2 个测点,与坝体渗流压力观测断面相重合的断面坝脚处各设 1 个测点,共计 24 个测点。

坝基测压管为岩基测压管,其测压管构造和坝体测压管大体相同,唯进水管段较短,于进水管顶部设橡皮圈止水,以防止坝体内渗水进入测压管内。

1.1.7.3　溢洪闸工程观测设计

溢洪闸是泄洪时的重要建筑物,其能否安全运行对许家崖水库安全至关重要。为确保溢洪闸的安全运行,方便管理、积累资料和对设计成果进行验证,故对溢洪闸位移、扬压力和挡土墙后土压力情况进行观测。

1. 沉降、位移观测

1）水准基点、平面基准点

在闸左岸设一水准基点及平面基准点，闸墩上沉降测点及水平位移测点设在同一条视准线上。

2）沉降及水平位移监测

溢洪闸以含云母砂质页岩为基础持力层，一般不会产生较大的沉降变形，但对工程安全施工和运用具有重要的作用。水闸的水平位移观测与沉降观测结合起来，在闸墩各设测点，共计 6 个测点。

第一次的沉降观测应在标点埋设后进行，然后根据施工期不同荷载阶段按时进行观测。分别在工程竣工前、竣工后立即观测一次沉降，以后再根据工程运用情况及相关规程、规范要求定期进行监测，直到沉降稳定时为止。

工程施工期沉降观测标点可先埋设在底板面层，在工程竣工后、放水前再引接到上述结构的顶部。

水平位移应分别在工程竣工前、竣工后立即观测一次，以后再根据工程运行情况及相关规程、规范要求不定期进行观测。

2. 扬压力观测

水闸的扬压力可通过埋设测压管进行观测，在闸底板下布设 1 个观测断面，设 3 个测点，测点覆盖闸室、铺盖、泄槽。每个测压管埋设好后应立即记录其埋设高程，扬压力的观测时间和次数应根据闸的上、下游水位变化情况及相关规程、规范要求确定。

1.1.7.4 水位、气象观测

1. 水位观测

1）坝上游水位观测

为掌握风壅和动水影响形成的倾斜水面，可于蓄水后在库区不同部位设置若干个短期测点，测点设置在以下地点：①水面平稳、受风浪和泄流影响较小、便于安装设备和观测的地点；②岸坡稳固处或永久性建筑物上；③基本能代表坝前稳定水位的地点。观测设备采用直立式水尺，每个测点设置 2 组直立式水尺并设置观测道路。

水尺零点高程每隔 3~5 年应校测一次，当怀疑水尺零点有变化时应及时进行校测。除按水文、气象方面一般规定外，开闸泄水前后应各增加观测一次，汛期还应根据需要调整测次。

同时观测项目有风力、风向、水面起伏度。

2）放水洞上游水位观测

放水洞上游水位观测包括新设直立式水尺 1 组、新建自记水位测井及仪器室一处、建造钢筋混凝土测流桥一处等。

3）下游（河道）水位观测

在下游（河道）设置 1 组水位标尺进行水位观测，应布置在水流平顺、受泄流影响较小、便于安装设备和观测的地点。河道无水时，下游水位用河道中的地下水水位代替，宜根据大坝下游地形、地质情况设置测压管，并尽量与渗流观测相结合，观测设备、测次及同时观测项目同大坝上游水位观测。

4）溢洪闸上、下游水位观测

闸上、下游水位和过闸流量观测是一般性观测项目中最基本的观测项目，不对其进行观测，水闸难以正常运行。为使观测成果准确，水位观测设在水闸上、下游水流平顺、水面平稳、受风浪和泄流影响较小处。

溢洪闸采用两种方式对闸上、下游水位进行监测，即用数字式水位测量仪进行精密监测和水位标尺进行粗略监测。

（1）数字式水位测量仪监测。在距离溢洪闸底板上游 6 m 处布置 1 个数字式水位测量仪监测上游水位。用数字式水位测量仪结果比较准确。

（2）水位标尺监测。为便于直接在闸上进行巡查时监测闸上、下游水位，在溢洪闸上、下游翼墙各布置 1 个水位标尺，共计 2 个，精度虽不高但方便肉眼观测。

2.流量观测

泄洪流量观测也是一般性观测项目中最基本的观测项目之一，测流断面原则上应设在水流平顺、水面平稳处，溢洪闸在闸上游 6 m 处布设 1 个流量观测断面，配置 1 支流速仪，根据流速及水流断面来推算过闸流量。

3.降水量观测

新建降雨观测场地、设立自动测报雨量计等。

4.气温观测

坝区设置一个气温测点，观测设备设在专用的百叶箱内，设直读式温度计 1 个。

1.1.7.5　除险加固后位移及渗压监测改造情况

渗压监测：2014 年 5 月除险加固工程完成 5 个断面（0+050、0+250、0+550、0+750、0+900）的渗压监测自动化，至 2022 年设备已运行 8 年，达到其使用寿命，软件急需更新升级；其余 4 个断面（0+150、0+350、0+450、0+650）为人工观测。本次共改造 9 个断面，一共安装 50 个渗压计等相关设备，并更新软件系统。

位移监测：2021 年 11 月完成了大坝 3 个断面（0+250、0+350、0+900）的位移自动化监测，仍有 6 个断面（0+050、0+150、0+450、0+550、0+650、0+750）没有进行自动化位移监测。安全监测工作开展主要采用定期人工监测的方式，每年通过人工进行监测资料的整编工作。

大坝作为特殊的建筑，若出现问题，将会引发下游一定范围内的人员生命财产等损失。在加强水利建设的大环境下，提高水工建筑物的安全等级，特别是提高大坝信息化自动监测水平，保证水库大坝的运行安全，是关系到国家利益和社会稳定的头等大事。通过建设水库信息化管理平台，实现大坝观测数据自动采集、处理和分析计算，对大坝的性态正常与否作出初步判断和分级报警，为管理人员提供预警预报；可以缩短数据采集周期，提高大坝观测的工作效率，减轻劳动强度；并能充分利用水库调蓄能力，使其在防洪和供水两方面发挥最大的效益；可提高水库管理水平，及时发现大坝隐患，为水库的安全运行提供有力的保障。

1.2　水库效益

许家崖水库建库 60 多年来,在削减洪峰(一般可削减洪峰 80% 左右)、拦蓄洪水、保持水土、工农业供水、提高森林覆盖率、调节气候、维持生态平衡等方面发挥了巨大的社会效益,在 1993 年迎战"8·5"特大洪水和 2011 年迎战"8·18"百年不遇洪水时,许家崖水库发挥了巨大的防洪效益,减灾数额达 10 多亿元,有效地保护了临沂、郯城、苍山等市、县沿河人民的生命财产安全。据 1991 年资料统计,按当时国内生产总值标准,遇千年一遇洪水时,保坝效益为 5.85 亿元。此外,许家崖水库还作为县城、下游乡镇、工矿企业的重要水源,惠及人口数百万。

许家崖水电站 1976 年建成发电,1983 年 4 月并网,到 2005 年,共发电 8 670 万kW·h。许家崖水库建成后不断增加配套、加固、完善,先后完成了灌区开发建设、水库溢洪闸续建工程、水电站工程和水库大坝加固改造工程。许家崖灌区开发于 1960 年 11 月,灌溉面积为 8.2 万 hm²,控制灌溉 6 个乡镇 212 个自然村的土地。灌区内地势西高东低。灌区内作物以小麦、水稻、玉米为主,是费县的主要商品粮生产基地。

随着市场经济的不断发展和完善,许家崖水库逐步由农业灌溉供水向城乡工业供水转变,在费县国民经济发展中的地位逐步提高,保障费县国电电厂、新时代药业、沂龙水泥用水,以及城市居民安全饮水无不凸显许家崖水库地位的重要性。

1.3　项目背景

2011 年中央 1 号文件《关于加快水利改革发展的决定》科学阐述了水利发展的阶段性特征和战略地位,明确提出了水利改革发展的指导思想和主要原则,全面部署了水利改革发展的目标任务和政策举措。1 号文件同时要求"推进水利信息化建设,提高水资源调控、水利管理和工程运行的信息化水平,以水利信息化带动水利现代化"。

2018 年,水利部印发《加快推进新时代水利现代化的指导意见》,明确提出全方位推进智慧水利建设,建设全要素动态感知的水利监测体系、高速泛在的水利信息网络、高度集成的水利大数据中心,大幅提升水利信息化、智能化水平。对新建水利工程,要把智慧水利建设内容纳入设计方案和投资概算,同步实施,同步发挥效益。对已建水利工程,要大力推行管养分离,提高智能化、自动化运行水平,推进水利工程管理现代化;运用现代管理理念和技术,借鉴先进经验,全面提升水利管理精细化、高效化、智能化水平,加快推进水利管理现代化;优化水利工程运行调度,加强大坝安全监测、水情测报、通信预警和远程控制系统建设,提高水利工程管理信息化、自动化水平;已建水利工程要加快智慧化升级改造,大幅提升水利智慧化管理和服务水平。

2018 年 10 月 18 日,时任水利部部长鄂竟平在现代治水与科技创新高端论坛上强调,当前中国特色社会主义进入新时代,水利改革发展也进入了新时代。推进新时代水利改革发展必须深刻认识我国治水主要矛盾已经发生深刻变化。从历史上看,鲁南地区水问题主要是同水旱灾害做斗争,但随着经济社会发展,水资源短缺、水生态损害、水环境污染成为常态问题。治水的主要矛盾已经发生变化,目前治水的工作重点也要随之改变,要转变为水利工程补短板、水利行业强监管。为响应"补短板、强监管"的总体要求,通过加强水库自动化、信息化建设,完善水库基础感知体系,建设水库智慧管理平台,提供安全、稳定的运行保障环境,全面提升许家崖水库智慧管理水平,充分发挥水库的防洪、灌溉、供水、发电等综合效益,保障人民群众生命财产安全,促进区域经济可持续发展。

山东省水利厅先后印发《关于进一步做好全省水库大坝安全监测工作的通知》(鲁水运管函字〔2020〕46号)、《关于进一步做好2021年度大中型水库大坝安全监测设施改造提升工作的通知》(鲁水运管函字〔2021〕50号),以习近平新时代中国特色社会主义思想为指导,按照水利部和山东省水利厅统一部署,强化水库大坝安全管理,不断加强水利工程运行管理和安全管理,推动水利工程管理工作再上新台阶,为新时代水利改革发展提供坚实保障。

1.4　编制依据

1.4.1　依据文件

(1)《水利信息化标准指南》;
(2)《水利部信息化建设与管理办法》;
(3)《山东省水利信息化发展"十四五"规划》;
(4)《临沂市现代水利建设规划》;
(5)《临沂市水利发展"十四五"规划》;
(6)建设单位调度运行管理的实际需求;
(7)现场查勘相关资料。

1.4.2　遵循的规范及标准

(1)《水利信息系统初步设计报告编制规定(试行)》(SL/Z 332—2005);
(2)《数据中心设计规范》(GB 50174—2017);
(3)《信息技术 安全技术 信息技术安全性评估准则》(GB/T 18336—2015);
(4)《水文自动测报系统技术规范》(SL 61—2015)
(5)《混凝土坝安全监测技术规范》(SL 601—2013);
(6)《水利水电工程安全监测设计规范》(SL 725—2016);
(7)《水文数据库表结构及标识符》(SL/T 324—2019);
(8)《计算机软件文档编制规范》(GB/T 8567—2006);
(9)《计算机软件需求规格说明规范》(GB/T 9385—2008);
(10)《计算机场地通用规范》(GB/T 2887—2011);
(11)《水利信息系统运行维护定额标准(试行)》;
(12)《水利水电工程等级划分及洪水标准》(SL 252—2017);
(13)《土石坝安全监测技术规范》(SL 551—2012);

（14）《全球定位系统（GPS）测量规范》（GB/T 18314—2009）；

（15）《大坝安全监测自动化技术规范》（DL/T 5211—2019）；

（16）《水库大坝安全评价导则》（SL 258—2017）。

1.4.3　方案编制依据

（1）山东省水利厅鲁水建字〔2015〕3 号文颁发的《山东省水利水电工程设计概（估）算编制办法》；

（2）水利部办公厅办财务函〔2019〕448 号文《关于调整水利工程计价依据增值税计算标准的通知》；

（3）山东省水利厅鲁水定字〔2016〕5 号文《关于发布山东省水利水电工程营业税改增值税计价依据调整办法的通知》；

（4）山东省水利厅鲁水建函〔2019〕33 号文《关于调整山东省水利水电工程计价依据增值税计算标准的通知》；

（5）山东省水利厅鲁水建字〔2009〕38 号文《关于贯彻水利部〈水利工程质量检测管理规定〉有关工作的通知》；

（6）国家及上级主管部门颁发的有关文件、条例、法规等；

（7）工程设计有关资料及图纸。

1.5　现状及存在问题

1.5.1　信息化现状

1.5.1.1　业务系统建设情况

临沂市许家崖水库 2020 年已建设水源地智慧防汛综合管理平台,需要根据山东省水利厅水利信息标准化完成系统升级,并补充建设可视化数据分析系统,进一步为水利业务管理提供先进可靠的支撑手段,提高水利行业行政效率和决策水平。

1.5.1.2　基础信息感知

1. 工程安全监测系统

渗压监测:2014 年 5 月除险加固工程完成 5 个断面(0+050、0+250、0+550、0+750、0+900)的渗压监测自动化,至 2022 年设备已运行 8 年,达到其使用寿命,软件急需更新升级;其余 4 个断面(0+150、0+350、0+450、0+650)为人工观测。本次共改造 9 个断面,一共安装 50 个渗压计及相关设备,并更新软件系统。

位移监测:2021 年 11 月完成了大坝 3 个断面(0+250、0+350、0+900)的位移自动化监测,仍有 6 个断面(0+050、0+150、0+450、0+550、0+650、0+750)没有进行自动化位移监测。安全监测工作开展主要采用定期人工监测的方式,每年通过人工进行监测资料的整编工作。

大坝安全监测自动化存在以下问题:

（1）缺乏自动化安全监测系统，水库蓄水期需要全面的监测数据，并需要专业人员进行安全监测数据管理。根据目前出现的情况，大坝除险加固后蓄水初期，产生的变形会继续加大，极有可能存在安全隐患。需要专业的团队和公司提供专业的大坝安全监测预警平台，方便管理人员进行管理。管理平台需直观、易懂，并能提供安全监测综合分析报告，方便管理人员对数据进行分析。

（2）已安装的位移监测设备缺乏数据自动分析功能，监测数据需要上传到自动化管理平台，结合同断面的位移数据和渗压数据共同分析坝体安全。

（3）大坝安全监测软件功能比较单一，仅仅实现数据的采集、报表等功能，缺少必要的数据分析、资料整编等功能。需要平台系统自动生成分析报告，同时预留专家意见输入接口。

（4）现有自动化观测设备数据需要整合，并在统一的平台上进行分析、展示。

（5）仍有 6 个断面的大坝表面沉降位移监测基于人工观测，缺乏必要的自动化观测设备，在数据观测的实时性和连续性方面存在不足。

（6）需要接入水库数据，结合渗压数据等，共同分析研判。

2．水位测量系统

目前许家崖水库库区范围内暂无管理单位水位测量站点，水位取用水文局水位数据，对接麻烦，且水位数据只在每天上午 8 时更新，数据更新时效低。

3．视频监控系统

视频监控系统对水库水源地溢洪闸、桥头堡、放水洞、坝体等重要地点进行监控，并完成监视、云台的操作、画面的存储和查阅等工作。该系统部署于视频会商室和桥头堡控制室，包含两条网络线路，其中一个是 4 路（用于连接市局），位于视频会商室；另一个是 31 路（用于内部查看），位于桥头堡控制室。桥头堡视频监控展示见图 1-8，会商室视频监控展示见图 1-9。

图 1-8　桥头堡视频监控展示

图 1-9　会商室视频监控展示

水库自动化测量设施点位缺乏监控设备,容易出现恶意破坏、盗取等事件,无法有效取证,从而造成财产损失,水库上游流域缺乏高清监控。

1.5.1.3　保障环境建设情况

1. 控制中心

目前许家崖水库控制中心在管理中心 3 楼,与机房共用一个房间,配备有操作台、工控机、液晶拼接屏、交换机、视频监控等设备,无专业机房,房间内服务器噪声大,影响正常防汛指挥。

应急调度中心展示见图 1-10。

图 1-10　应急调度中心展示

2. 防汛视频会商

视频会商室设置在许家崖水库管理中心 3 楼,主要实现与临沂市水利局的视频会商,以及水库工情、水文信息、大坝监测、视频监控等系统数据采集和展示功能。硬件设施包括机柜、工控机、网络设备、视频设备等,缺乏独立的机房。软件系统包括水库综合自动化系统、大坝安全监测系统和视频监控系统,配有带宽为 10 M 的固定 IP 地址的公网网络。

项目补充建设专业视频会议会商室,以提升决策指挥调度及日常会议展示效果;补充建设会议室显示、扩声设备,以用于水库管理中心较大规模会议。

1.5.2　管理单位现状

许家崖水库管理中心为副县级单位,隶属县政府管理。现设置 5 个副科级机构,即党政办公室、计划财务管理办公室、工程管理办公室、水电运行管理办公室、农业灌溉管理办公室。内设 12 个股级科室,即人事科、秘书科、督查管理科、财务综合管理科、财务审计科、工程规划设计科、工程防汛科、水政法规科、水资源管理科、安全保卫科、农业灌溉管理科、旅游管理开发科;9 个股级基层站所,即许家崖水电站、朱家庄水电站、石沟拦河闸管理所、费城水管所、城北区水管所、探沂水管所、胡阳水管所、姜庄湖水管所、古城水库管理所。核定财政拨款事业编制 166 名,现有在职人员 175 名。

许家崖水库管理中心主要负责的工作包括:①许家崖水库和古城水库的运行、检查、观测和维修养护;②科学蓄水、调水,确保工程安全和防汛抗旱需要;③保护水源地水质安全;④农业灌溉和工业供水;⑤保护范围内固定资产的管理与开发;⑥各类建设项目及水域开发利用规划的审查。

根据水利部、财政部制定的《水利工程管理单位定岗标准》(2004 年 7 月)的规定,水库定员标准为 3 级,水库管理机构设置为管理处。2021 年机构改革,更名为费县许家崖水库管理中心。

办公用房:维修现有办公楼 921.6 m²,新建办公用房 11 824 m²。

为了解决管理处生活用水,建变频器 1 套,并建立专用的供排水系统,生活废水简单处理后直接排入溢洪道下游。

管理处设置 1 台程控交换机,实现内部通信,配备传真机 2 部、对讲机 6 部、电话机 15 部、有线程控电话机 15 部;为加强水库工程管理,配备生产用车 1 辆、防汛专用车 1 辆、机动船 1 艘。

水库管理处供电方式有 3 种:第一种取自新建管理处 10 kV 变压器低压侧;第二种取自许家崖水库水电站(6.3 kV),为 1983 年架设;第三种取自柴油发电机组,通过自动转换开关在电源进线柜内自动切换的方式供电。

工程管理范围如下:

(1)水库工程区管理范围。大坝坡脚下游 200 m 内为护坝范围;大坝两端 200 m 内;溢洪道两侧轮廓线向外 50 m,消力池以下 100 m;放水洞及其他建筑物,由工程外轮廓线向外 20 m。

(2)管理单位的生产、生活区。

工程保护范围:在工程管理范围边界线外延,主要建筑物不少于 200 m,一般建筑物不少于 50 m;坝址以上,库区两岸土地征用线以上至第一道分水岭之间的陆地。

1.5.3　存在的问题分析

目前许家崖水库信息化基础设施较为薄弱,信息化体系不健全。这使得工程运行管理、库区巡查等作业大都由人工操作完成,信息获取滞后,管理不便,已不能满足水利现代化管理工作的需要,直接影响管理效率和效果。当前主要存在以下几个方面的问题:

(1)基础设施有待完善。许家崖水库的视频监控、工程安全监测、水位监测等系统未形成全面覆盖的信息化体系,给日常工程监管造成诸多不便,亟须在现有基础上进一步完善建设。

(2)信息管理平台标准化需要升级。许家崖库区管理范围大、任务重。随着视频监控、水文遥测、工程安全监测等前端基础感知体系的建设,数据需要汇聚至统一、综合、高效的信息管理平台,提高水库信息化、智慧化管理能力。目前,水库综合管理平台需要根据山东省水利厅标准化要求完成升级改造。

(3)保障环境设施需要提升。目前,许家崖水库运行保障环境设施主要在 3 楼控制室中,控制中心与机房共用一个房间,噪声大,设施不完备,无网络安全防护设备。

1.6　建设的必要性

完善许家崖水库信息化体系,不论是从满足现在的水利现代化建设需要方面,还是从达到长远的社会经济发展要求方面出发,都是一项具有重要政治意义和显著社会经济效益的战略举措。

2018 年,水利部印发《加快推进新时代水利现代化的指导意见》,明确提出对已建水利工程,要大力推行管养分离,提高智能化、自动化运行水平,推进水利工程管理现代化。2021 年,临沂岸堤水库作为第一水源地完成了智慧水利和水利标准化建设,总投资 1 000 多万元。参考岸堤水库建设模式,许家崖水库作为第二水源地,2013 年完成第二次除险加固建设后,陆续建设水源地智慧防汛综合管理平台、3 个断面大坝安全自动化监测设施,受资金、基础设施配套等限制,水库信息化管理平台缺乏大数据分析功能,6 个基础断面无自动化监测设施,无专业会商室和机房,管理中心运维服务困难。本次建设将对许家崖水库进行全面提升,实现水库工程运行的自动化、数字化,日常办公的流程化、定量化,调度决策的科学化、智能化,水库管理的信息化、现代化,全面提高工程管理水平,助力智慧临沂城市建设。

1.7　建设目标与任务

1.7.1　建设目标

在全国全面开展水利信息化建设的大背景下,结合水库日常管理工作需求,以满足水库相关信息直观展示为基础目标,开展水库信息化管理平台的建设工作。通过数据的汇集和整理、应用和支撑功能设计、水库信息化管理平台等模块的应用,方便领导和相关工作人员全面知悉水库情况,做到随时、随地办公。同时,许家崖水库信息化管理平台展示和预报准确,操作简单,数据直观,有利于提升水库管理工作水平。

许家崖水库信息化管理平台建设系统涉及的数据种类较多,如视频、水情、大坝安全等内容,而每类数据可能又归属于不同的业务系统,这样就导致业务人员在汛期需要关注多个业务子系统,操作起来很不方便,也会导致工作效率降低。所以,许家崖水库信息化管理平台可接入各类业务数据,从而统一入口,进行数据的展示,使展示更加直观明了,进而提高工作人员的效率。

许家崖水库信息化管理平台建设项目是一项内容复杂、涉及面广、时间紧迫的系统工程,项目以充分发挥水利设施工程效益及提高水库信息化管理水平为总体目标,在云计算、大数据、移动互联等新一代信息技术的支撑下,通过全面感知、识别、模拟和预测技术,实现水库工程智慧化管理,形成"基础信息全面感知、实时信息监测预警、调度会商科学决策、工程调度集中控制、日常业务移动办公、流域水库协同管理"的工程管控体系,实现工程的精细管理、快速响应、协同调度、突发应急处置、科学决策,实现水库管理的科学化、信息化、现代化、标准化,提高许家崖水库管理工作的标准化水平,为区域经济的可持续发展提供助力,将许家崖水库打造成山东省一流的智慧水库示范工程。

"基础信息全面感知":通过构建完善的基础感知体系,实现许家崖水库运行状态的全面感知,协助管理人员掌握水库水位、流量、视频、安全监测信息与状态,做到水库基础信息"一目了然"。

"实时信息监测预警":水库运行过程中,对于超警戒的水位、流量、工情,大坝安全监测能实时预警,并以弹窗、短信等多种手段主动提醒警示管理人员,强力保障水库运行安全。

"调度会商科学决策":新建许家崖水库会商中心,以防汛抗旱、日常调度等场景为驱动,提供降雨精细化预报与水库调度功能,为决策人员进行决策指挥提供全面、科学的数据依据,同时协助管理人员方便、快捷、准确地完成调度工作。

1.7.2　建设原则

1.7.2.1　先进性原则

系统设计应具有先进性,采用先进的系统规划和设计理念,运用物联网技术、GIS 技术、数学模型技术和网络信息技术将计算机软件、硬件相结合,进行系统设计开发。

系统所采用的技术架构同时应具有先进性,其拟用的关键技术响应目前主流趋势,保证系统在未来的 3~5 年内能够随着信息化的深入发展而具备可持续发展的空间。

1.7.2.2　实用性原则

满足应用功能需求和系统性能需求,在保证系统安全可靠的情况下,软件、硬件、网络产品均选用性能价格比最高的系统和产品。

整个系统易于管理维护,方便系统配置,在设备、安全性、数据流量、性能等方面都能得到很好的控制。

1.7.2.3　扩充性原则

系统采用模块化、组件化的体系结构,在技术架构和设计模式上保证技术的延续性、灵活的扩展性和广泛的适应性,确保系统能够满足用户在数据及业务功能扩展方面的需求。

1.7.2.4　安全性原则

系统平台具备统一完善的多级安全机制设置,符合国家安全及保密部门要求,拒绝非法用户和合法用户越权操作,避免系统数据遭到破坏,防止系统数据被窃取和篡改,关键信息使用加密传输,为传输的数据文件提供不可抵赖性确认。

1.7.2.5　稳定性原则

系统平台具备良好错误处理能力、容错能力及冗余备份能力,能够最大限度地避免因局部故障而引起的整个系统瘫痪。

1.7.2.6　标准化原则

规范性、标准化是一个信息系统建设的基础,也是本系统与其他系统兼容和进一步扩充的根本保证。在系统建设之前应有明确的、统一的数据采集规范和质量标准。整个系统规范标准的制定完全遵循国家规范标准和有关行业规范标准。

1.7.2.7　开放性原则

系统在运行环境的软件、硬件平台选择上要符合工业标准,能够较为容易地实现系统的升级和扩充,以适应后续工程、有关政策法规及信息技术的发展变化。许家崖水库信息化管理平台建设项目系统设计时考虑到未来业务发展的需要,要具有与其他系统对接的能力,利用系统功能的交换,进行功能的拓展,实现系统优势互补,并能够支持对多种格式数据的存储。此外,考虑到目前计算机和信息技术等领域发展迅猛,如应用环境、系统软硬件的提升,顶层设计与分步实施的要求等,系统应具备扩充、调整、升级的能力。

1.7.3　建设任务

许家崖水库信息化管理平台建设项目总体建设任务包括以下 3 个部分。

1.7.3.1　基础感知体系

构建完善的水库基础感知体系,实现水库实时运行状态的全面感知,建设水位监测系统、工程安全监测系统、视频监控系统。

1.7.3.2　水库智慧管理平台升级

对水库现有基础资料进行收集处理,结合水库业务需求,升级原有水库水源地生态工程管理平台功能,新增水库大数据可视化分析系统,为水库业务管理提供信息化手段,为水库防汛调度提供决策支持,充分满足水库管理单位的现代化管理需求。

1.7.3.3　运行保障环境

围绕水利现代化业务应用需求,建设水库机房、会商中心,为水库的信息化建设提供安全、稳定的基础运行保障环境。

第 2 章　需求分析

2.1　业务功能分析

针对许家崖水库管理中心的职能,为实现水库大坝水利工程设施的统一管理工作、充分发挥水利工程防洪排涝工程效益的总任务,许家崖水库管理中心开展的主要业务工作如下:

(1)信息全面感知和预警。全面获取水雨情、工情、工程安全、视频等各方面监测信息,实现在线监测与自动预警,提升应急响应能力,保障水库工程运行管理安全。

(2)水库防汛。对水库现有基础资料进行收集处理,结合水库业务需求,升级原有水库水源地生态工程管理平台功能,新增水库大数据可视化分析系统,提升改造水库防汛会商中心,全面提升水库防汛抗旱的管理水平和指挥能力。

(3)工程运行管理。统一管理许家崖水库大坝、溢洪闸、输水洞等工程设施,为水库日常动态信息监测、安全监测、维修养护、调度运行、应急管理等工作提供信息化支撑手段。

(4)山东省水利工程标准化。根据山东省水利厅水利工程标准化管理的数据要求,建设统一的数据交换共享服务,高度融合和挖掘现有水利数据,提供专业的水利数据接口,建立与上级标准化监管平台之间的信息互通桥梁,消除信息孤岛,充分发挥许家崖水库数据资源的最大化效益。

(5)移动巡查办公。利用水库移动管理平台,实现水库"基础信息随时查、监测信息随时看、业务事项随身办",实现管理人员随时、随地、全天候、在线化、移动化办公,有效提高水库管理水平及业务办理的效率。

2.2　系统用户分析

许家崖水库信息化管理平台的服务对象(也即系统的用户)主要是许家崖水库管理中心和临沂市水利局。

2.2.1　许家崖水库管理中心

许家崖水库信息化管理平台为许家崖水库管理中心工作人员提供水库管理服务和监测信息查询服务。

2.2.2　临沂市水利局

许家崖水库信息化管理平台为临沂市水利局提供许家崖水库的信息查询服务。

2.3　基础感知需求分析

基础感知是实现工程信息化监管的必备前提,因此必须构建监测类型丰富、监测手段多样、信息传输稳定、控制安全可靠的立体感控体系,为工程运行管理打好基础。

2.3.1　水位数据需求

根据现场调研及实际需求,水库增加一套浮子式水位监测设备,使其能够将流量监测数据传输至机房数据库。

2.3.2　工程安全数据需求

2.3.2.1　渗压监测

2014 年 5 月,除险加固工程完成 5 个断面(0+050、0+250、0+550、0+750、0+900)的渗压监测自动化,至今设备已运行 8 年,达到其使用寿命,软件急需更新升级;其余 4 个断面(0+150、0+350、0+450、0+650)为人工观测。本次共改造 9 个断面,一共安装 50 个渗压计及相关设备,并更新软件系统。

2.3.2.2　位移监测

2021 年 11 月,完成了大坝 3 个断面(0+250、0+350、0+900)的位移自动化监测,仍有6 个断面(0+050、0+150、0+450、0+550、0+650、0+750)没有进行自动化位移监测。安全监测工作主要采用定期人工监测的方式,每年通过人工进行监测资料的整编工作。

2.3.3　视频监控数据需求

目前水库视频监控建设基本完成主要观测点监控,但水库自动化测量设施点位缺乏监控设备,容易出现恶意破坏、盗取等事件,无法有效取证,从而造成财产损失。

2.4　运行环境需求分析

许家崖水库信息化管理平台建设项目涉及数据种类多、数据量大,因此需要配套建设保障环境以满足水库智慧管理平台系统的稳定、安全运行,实现数据资源、业务系统、远程集控的统一部署和管理,满足未来技术发展需求。

机房:需要建设机房作为库区信息化及会商系统的保障环境所需的物理场所。

服务器:需要 1 台数据库服务器,用于替代桥头堡控制中心的电脑,保证平台的稳定运行。

会商中心:需要会商中心作为防汛会商的主要场所,支持库区防汛应急调度。

2.5　安全需求分析

随着业务系统的全面覆盖和深入应用,保证信息化安全将成为十分重要、必须到位的重要需求。

2.5.1 保障环境安全需求分析

保障环境的安全需求主要包括 3 部分：一是物理设备与网络的安全需求；二是数据存储的安全需求；三是数据使用的安全需求。

2.5.2 信息安全等级保护建设需求分析

遵循国家、地方、行业相关法规和标准，贯彻等级保护和分域保护的原则，管理与技术并重，互为支撑、互为补充、相互协同，形成有效的综合防范体系；充分依托已有的信息安全基础设施，加快、加强信息安全保障体系建设。

2.5.3 对资源管理安全的需求

为便于领导和各部门全面了解及利用信息资源，对信息资源采取"直属管理、授权使用"的办法进行管理，打消安全顾虑。

此外，需要统一的安全认证、授权管理，统一的信息资源更新机制等，以保证数据资源的安全、完整、有效，实现方便高效的共享。

2.5.4 遥测设备传输安全的需求

为了保障流量监测远传改造的数据安全，许家崖水库信息化平台建设项目充分考虑RTU（远程终端单元）传输的加密工作，具体内容包括链路加密、节点加密、端对端加密。

第 3 章　总体方案

3.1　总体框架

许家崖水库信息化管理平台建设项目涉及的改造内容较多,使用范围较广,业务逻辑复杂,不仅涉及应用软件开发,同时要考虑水库基础设施升级改造、数据库搭建、网络通信等内容。为了保障整个项目中各组件功能独立、服务明确、逻辑清楚,将整个项目划分为四个逻辑层:基础感知层、数据服务层、业务应用层、用户层(见图 3-1)。各层之间互不干扰,独立作业,层与层通过预留的服务接口进行通信。

图 3-1　系统整体框架

(1)基础感知层:包括本次信息化系统中建设的流量监测、工程安全监测、水质监测、视频监控等一系列自动化监测系统,同时接入临沂市防汛抗旱指挥调度决策系统(二期)项目中建设的溢洪闸工情信息,实现区域水利基础信息全方位采集和传输。

(2)数据服务层:对基础资料进行收集处理,建立水库综合数据库,并建设数据支撑服务,实现对下汇集信息,对上支撑业务应用,为工程管理提供统一、安全、可靠、高效的数据服务和管理。

(3)业务应用层:业务应用层主要包括水库智慧管理平台、水库移动管理平台及水库可视化分析应用系统,为水库管理提供完善的业务应用功能。

(4)用户层:用户层主要为许家崖水库管理中心和临沂市水利局。

(5)运行环境体系:基于水库机房、会商中心等软硬件设施,为工程智慧化管理提供全面的支撑保障环境,会商中心配备视频会议系统,可实现省、市、县三级视频会议对接,实现防汛统一调度指挥。

3.2　系统结构

许家崖水库信息化管理平台建设项目是在新建的水位监测、工程安全监测、视频监控等前端监测的基础上,通过信息化系统进行统一业务的综合管理,并且对现有水雨情、工情、视频等相关数据进行数据集成接入,通过数据和服务接口,与临沂市"智慧防汛"一期平台实现互联互通,大坝安全监测数据软件系统和南京大坝管理中心安全监测平台连接。

3.3　网络拓扑图

大坝工程安全监测通过无线数据传输到水库控制中心机房,视频监控通过自建光纤接入到水库控制中心机房。利用机房内部对网络、存储、计算、服务等相关硬件及配套软件系统的建设,为相关应用提供高效、安全、可靠的基础设施保障,满足水利信息化资源的统一管理需求。网络拓扑图见图 3-2。

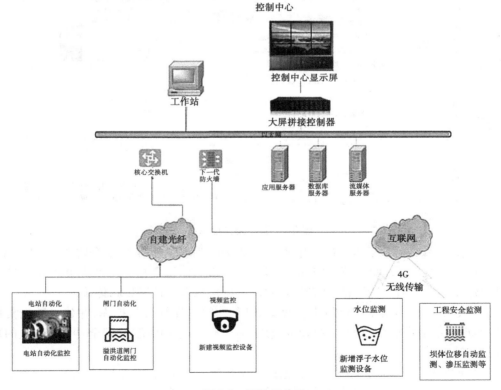

图 3-2　网络拓扑图

3.4　技术路线

3.4.1　开发策略

　　系统的开发建设遵循软件工程方法,按照需求分析、详细设计、开发实施、系统集成、安装调试、系统测试、系统初步验收、系统试运行、系统竣工验收逐步完成,达到研究目的。在项目实际建设方面,通过实地调研,充分收集已有相关资料,结合系统建设需求,初步拟订系统技术方案;然后按照软件设计的方法围绕数据资料进行软件构架、界面设计、模块设计、数据库设计等,根据模块分工进行代码实现集成调试、测试和运行等。

　　根据项目建设目标,统筹业务需求,收集、分析与处理系统建设所需的相关数据;采用当前主流、成熟的数据库软件,完成现有各业务系统数据的信息分类与定义,整理出与业务相结合的信息内容与信息流,完成领域对象模型的建立,完成数据库逻辑设计,建立数据库;并基于数据库与业务应用系统之间的关系,建立数据共享平台,为业务系统提供数据支持和分析计算服务。

　　智慧管理平台系统采用 B/S 模式(浏览器-服务器模式)设计开发整个系统框架。在 Eclipse 集成开发环境下,用 Java 语言开发各种业务系统模型程序,实现各个业务子系统功能,并将总控程序和模型程序相连接,使系统具有更强的兼容性、适应性。

　　移动管理平台系统采用 Android 原生开发结合 HTML5 形式,开发移动端的移动综合业务系统;开发友好的人机会话界面,保证界面的简洁直观,可操作性强,同时可以兼容当前主流的 Web 浏览器。

　　在实际环境下安装部署各业务系统,对系统集成进行测试,确保系统在实际环境下的正常运行。系统开发策略流程见图 3-3。

3.4.2　关键技术

3.4.2.1　面向服务架构技术

　　合理应用面向服务的架构(SOA)设计策略。应用面向服务的设计策略代表了信息系统设计的发展方向,其设计要点包括:①系统的子系统、模块都是向系统内部和外部提供服务的逻辑单元;②这些提供服务的逻辑单元采用标准的协议(网络协议、应用协议、行业协议等),向企业内部和外部提供服务;③提供服务的机制必须不受平台技术、编程语言、架构环境的限制。

　　SOA 是一种架构模型,它可以根据需求通过网络对松散耦合的粗粒度应用组件进行分布式部署、组合和使用。服务层是 SOA 的基础,可以直接被应用调用,从而有效控制系统中与软件代理交互的人为依赖性。

　　SOA 的关键是"服务"的概念,W3C(万维网联盟)将服务定义为:服务提供者完成一组工作,为服务使用者交付所需的最终结果。最终结果通常会使使用者的状态发生变化,但也可能使提供者的状态发生改变,或者双方都发生变化。

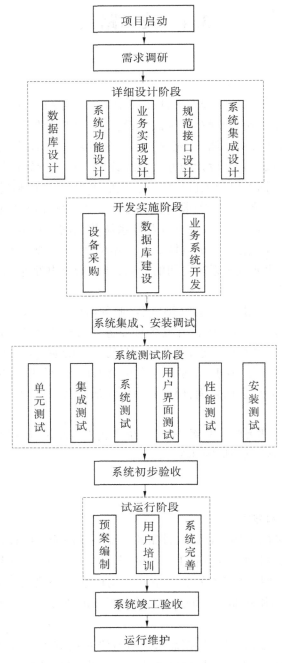

图 3-3　系统开发策略流程

3.4.2.2　J2EE 技术

根据系统建设要求,项目实现的基本技术路线是:使用面向对象的技术进行系统设计和实现,使用 Java 技术,遵照 J2EE 标准实现应用支撑平台管理和应用的全部功能。

　　J2EE 平台适用于多层次分布式应用模型,采用基于组件的方式来设计、开发、组装和部署企业应用系统,以及基于可扩展标记语言(XML)的数据交换、统一的安全模式和灵活的事务控制。凭借这些技术,不但可以为快速变化的市场提供崭新的解决方案,而且开发出来的是与平台无关的 J2EE 组件的解决方案,它不依赖某个特定厂商提供的产品或者 API(应用程序编程接口)。这意味着不管是开发商,还是最终用户,都有最大的自由去选择那些更能满足他们业务或技术需求的产品或组件,不但有利于降低信息系统拥有成本,也有利于适应快速变化的市场需求。

　　J2EE 技术是基于 Java 语言、面向企业级应用的技术标准簇,Java 语言与平台的无关性,保证了基于 J2EE 平台开发的应用系统和支撑环境可以跨操作系统在各种标准 J2EE 应用服务器中运行。

3.4.2.3　基于 HTML5 的多终端支持技术

　　以 HTML5 为代表的富网络应用技术标准已经开始崭露头角,其作为下一代互联网的标准,是构建以及呈现互联网内容的一种语言方式,被认为是互联网的核心技术之一。HTML5 添加了许多新的语法特征,提供了更多可以有效增强网络应用功能的标准集,减少了浏览器对于插件的烦琐需求,以及丰富了跨平台间网络应用的开发。HTML5 几乎可以处理任何原始程序能处理的运算、联网及显示等功能,不仅涵盖 Web 的应用领域,甚至扩展到一般的原始应用程序。理论上,HTML5 提供了一个很好的跨平台的软件应用架构,可以设计符合桌面计算机、平板电脑、智能手机的应用。

3.4.2.4　水利数学模型技术

　　水利数学模型技术主要指现代水库洪水预报调度数学模型技术,采用现代先进的流域水文模型和水库调度数学模型演算方法,预报未来水库入库洪水及水库调度信息,包括洪水发生过程、洪峰、洪量、水库泄洪等信息,提高复杂水流系统的模拟能力和预测精度;充分利用先进计算机技术,提高计算效率,加快计算速度,争取预见期;加强现代信息技术的应用,与遥测实时信息输入系统和降雨预测系统建立接口,采用先进实时校正技术,提高预报精度和增强预测能力;充分利用计算机集成技术和地理信息系统,增强查询、分析和可视化功能,建立现代化的交互式优化系统,提供强有力的决策支持功能,提高决策科学性和时效性。

3.4.2.5　B/S 应用软件结构

　　B/S 模式在传统的 C/S 模式(服务器-客户机)的基础上,从两层结构之间增加了一个中间层——Web 应用服务器,客户机上只需安装浏览器即可,它很好地解决了传统 C/S 模式在可扩展性、可维护性、可重用性等方面的缺陷。在三层架构中,客户端接收用户向应用服务器提出的请求,应用服务器从数据库中获得数据,对数据进行计算并将结果提交给客户端,客户端浏览器将结果呈现给用户。应用服务器将大部分的处理运算工作承担起来,减轻了客户浏览器和数据库服务器的负担,提高了工作效率,同时也增加了安全性。采用三层架构极大地改善了系统的性能,当客户端数目或应用需求发生较大的变化时,对本系统的影响并不大,不会因为负载过重而导致性能大大衰减,且变化仅局限于服务器端,修改和维护非常方便,相对于两层结构,数据的传输量减少,网络的负载减轻。

3.4.2.6 微服务架构

微服务架构是一项在云中部署应用和服务的新技术,基本思想在于考虑围绕着业务领域组件来创建应用,这些应用可独立地进行开发、管理和加速。在分散的组件中使用微服务云架构和平台,使部署、管理和服务功能交付变得更加简单。

微服务可以通过"轻量级设备"与 HTTP 型 API 进行沟通,关键在于该服务可以在自己的程序中运行。通过这一点就可以将服务公开与微服务架构(在现有系统中分布一个 API)区分开来。在服务公开中,许多服务都被内部独立进程所限制。如果其中任何一个服务需要增加某种功能,那么就必须缩小进程范围。在微服务架构中,只需要在特定的某种服务中增加所需功能,而不影响整体进程的架构。

微服务不需要像普通服务那样成为一种独立的功能或者独立的资源。在决定将所有组件组合到一起时,开发人员需要非常确信这些组件都会有所改变,并且规模也会发生变化。服务粒度越粗,就越难以符合规定原则。服务粒度越细,就越能够灵活地降低变化和负载所带来的影响。

3.4.2.7 地理信息系统(GIS)

地理信息系统是一种特定的、十分重要的空间信息系统,是在计算机硬件、软件系统支持下,对整个或部分地球表层空间中的有关地理分布数据进行采集、储存、管理、运算、分析、显示和描述的技术系统。

通过 GIS,可以实现对城市基础设施数据资源的数字化、可视化管理,将地图元素和地下空间信息融入管理系统之中,对所有设施信息进行翔实的展示,切实解决管理过程中复杂性强、隐蔽性深、重叠性多的问题,充分体现出辅助决策的科学性和先进性。

GIS 是利用现代计算机图形和数据库技术来获取、输入、编辑、查询、分析、决策和显示空间图形及其属性数据的计算机系统。利用 GIS 存储、管理和更新设施的空间数据库和属性数据库,提高行业的管理和信息化水平,高效服务群众,是城市管理行业现代化管理的关键。

GIS 独特的空间分析是为了解决地理空间问题而进行的数据分析与数据挖掘,从一个或多个空间数据图层中获取信息的过程。运行管理涉及人、事、物的规划、运行、管理、应急等方面,GIS 为行业监督指导提供准确的位置空间信息及时空变化趋势分析,辅助公用设施精细化管理、安全运行监控、市民优质服务的改善提升。

3.4.2.8 多源异构信息资源集成技术

多源数据融合是针对多源数据的一种处理手段,通过知识推理和识别从原始数据源中得出估计和判决,以增加数据的置信度、提高可靠性、降低不确定性。这一概念起源于 20 世纪 70 年代提出的多传感器数据融合技术,由于每个传感器的检测范围和工作能力是有限的,为了得到更全面、准确的消息,提高信息系统的准确性,同一系统中的传感器数量和类型越来越多。

由于各监测设备及各业务系统建设和实施受数据管理系统的阶段性、技术性等因素影响,导致存在采用不同存储方式和不同数据结构的业务数据的情形,包括采用的数据管理系统也大不相同,从简单的文件数据库到复杂的网络数据库,它们构成了异构数据源。针对设施运行监测数据、视频、统计数据,比如运行指标、生产报表、用户行为、服务效果、信息流向等,提供统一接口和访问服务,多维度整合不同类型、不同来源、不同格式的信息资源,实现跨部门、跨平台、跨应用系统之间的信息共享交换。

3.5　系统性能及安全防护措施

3.5.1　软件系统的性能指标、产生的数据量

许家崖水库信息化管理平台建设项目新增系统估算 TPC-C 值(根据经验,可以按下式计算需要的 TPC-C 值):
$$TPC - C 值 = 事务数 / 分钟 = A \times B \times C/(1 - D)$$
式中:A = 系统用户总数×并发比例;B 为每分钟响应数,$B = 60/t$,t 为每次响应一般能够接收的时间范围,单位 s;C 为每次响应的标准事务数;D 为冗余率(包括操作系统占用及 CPU 空闲率)。

对于项目上的主要应用和数据库,建议冗余率 $D = 50\%$。

按 4 000 个用户左右计算,人员按 50%最高并发用户数,其他单位人员按 10%最高并发用户数,1 800×50% + 1 850×10% = 1 085,因此高峰时间系统的最大并发用户数约为 1 100 个。

3.5.2　与信息资源共享交换平台的数据接口

系统采用接口化设计,所有功能实体间的数据交换,以及对其他模块的数据引用都通过标准接口完成,增强了系统的开放性、稳定性、扩展性与集成性。

3.5.3　可靠性设计

(1)保证系统能够提供每周 7×24 h 不间断的可靠运行。

(2)系统有效工作时间不小于 99.9%。

(3)系统故障恢复时间不超过 30 min。

(4)不出现以下情况:①无故退出系统;②发生系统不可控制的故障提示;③系统故障导致操作系统或机器无法正常操作。

3.5.3.1　应用软件的可靠性保障

平台为应用软件提供了可靠性保障,可保证生产数据存放、访问、发布的安全性,拒绝非法用户访问。

平台从多个层面来提供良好的访问控制及数据备份保护措施,以保证生产数据存放、访问、发布的安全性,拒绝非法用户访问。

1. 应用高度安全保密技术

系统运行内网属于涉密信息系统,其建设遵循国家关于涉密信息系统的相关要求和标准[如《涉及国家秘密的信息系统分级保护技术要求》(BMB17—2006)、《涉及国家秘密的信息系统分级保护管理规范》(BMB20—2007)],系统应符合三员分立要求、CA 身份认证要求、访问控制要求、系统审计要求、备份恢复要求及突发事件应急处理要求,以确保安

全保密运行。

2. 具备安全运行和容错能力

系统充分考虑运行时可能发生的意外情况,采用高可靠性的产品和技术、合理的数据备份和容错方案,通过容错设计、热机备份、网络分段、自动恢复等措施加以保障,提高整体系统的安全运行能力和容错能力,确保系统高速稳定运行。

3. 实现对服务器、客户端、操作系统、数据库的最优化配置

系统对数据库服务器、应用服务器和 Web 服务器采用分布式结构,支持 SQL Server 等多种数据库。系统对应用服务器采用软件、硬件方式的负载均衡技术,实现分布式架构下数据集中的设计和实施。以上方式将确保对现有软件、硬件资源实现最优化配置。

3.5.3.2 系统运维的可靠性保障

承诺定期对系统进行可靠性检查,同时为影响性能的指标进行检测完善。具体维护周期及对应维护方式见表 3-1。

表 3-1 维护周期及维护方式

序号	维护内容	维护周期	维护方式	备注
1	补丁升级: (1)系统应用过程中出现的 bug(漏洞)问题; (2)系统应用过程中提出的易用性问题; (3)系统应用过程中提出的需求问题	1 次/月 (利用晚上业务量极少的时间进行维护,需停机维护)	现场维护,提供升级培训服务	系统试运行调整阶段,升级频率<1 次/月,系统稳定运行后,升级频率控制在 1 次/月
2	授权检查维护: (1)系统软件授权检查更新; (2)应用软件授权检查更新	1 次/月 (无需停机维护)	在线检查,远程维护	安排专人检查,定期汇报授权剩余日期
3	数据库维护: (1)数据备份,双机热备运行状态; (2)备份数据转移; (3)数据库运行状态检查; (4)定期清除数据库临时表	(1)实时备份; (2)1 次/月; (3)0.5 月/次; (4)1 季度/次 (均无需停机)	在线维护	
4	应用系统维护: (1)表样更新; (2)审批流程更新; (3)打印格式更新; (4)参数设置更新; (5)岗位、角色、用户权限更新等	根据用户需求实时维护 (无需停机)	在线维护及现场维护	

续表 3-1

序号	维护内容	维护周期	维护方式	备注
5	系统巡检： （1）软件系统运行状况巡检； （2）第三方软件及硬件运行状况巡检	根据甲方要求每月或每季度1次 （是否需要停机需根据实际情况而定）	现场维护	会同第三方厂商一起，对整个系统进行安全评估，进行多层次的穿透性能监控，包括性能分析、性能评估等
6	用户回访： （1）电话回访； （2）问卷调查	1次/月 （无需停机）	现场回访或远程	每次回访形式：电话回访或问卷调查任选一种

3.5.4　性能设计

（1）简单事务处理（包含各类信息录入、修改、查询业务等），主要页面平均响应时间≤3 s（500 名并发用户）。

（2）信息录入、修改型简单事务，主要页面平均响应时间≤5 s。

（3）复杂事务处理，主要页面平均响应时间≤8 s（500 名并发用户）。

（4）各类固定统计图表生成时间≤10 s。

除以上目标外，该系统还需要达到以下目标：

（1）在业务高峰期能够保证系统的处理速度。保证每日数据的及时获取、处理、入库与发布。

（2）系统不仅能够处理结构化数据，还能够处理图像、多媒体等非结构化数据，数据存储上对数据记录数的增长没有限制，同时能够保证查询的响应速度，并不随用户数的增长急速下降。

（3）系统应满足业务处理流程的要求，稳定、可靠、实用，人机界面友好，输入输出方便，检索查询简单快捷。

3.5.5　易用性设计

易用性从遵循要求、界面设计、易操作性、统一性、美观性与方便性、跨平台性与多终端适配、个性化与多样性等 7 个方面考虑，确保以下性能：

（1）应用系统人机界面友好，用户界面应该所见即所得。

（2）应用系统应该支持操作员登录系统后，不超过三次鼠标的点击，即可访问到业务所需功能。

（3）应用系统应该支持在一个业务过程中的所有功能界面都有返回上一个操作的快捷链接。

（4）应用系统应该支持通过 Tab 键或回车键可以访问到同一个窗口的所有控件对象。

（5）应用系统必须采用分页机制显示查询结果，并显示返回的记录数目、当前页和总页数。

（6）应用系统发现用户提交有误信息，必须以弹出窗口的形式明确提示用户错误的原因，并把界面控制焦点置于发生错误的控件对象上。

（7）应用系统的操作界面用颜色或符号明确标识出必填的输入信息。

（8）应用系统功能菜单必须按照功能域、功能组的分类方法进行组织。

（9）对于操作员无权限使用的菜单功能，应用系统不允许显示该菜单或将其设置为不可用状态。

除上述目标外，为了进一步提高系统的易用性，设计时应融入最新的 Web UI 技术，实现快速、可靠、响应、视觉、智能的目标。

（1）快速。提供流畅的操作体验，系统能够精简加载，高效渲染。

（2）可靠。提供可靠的使用体验，友好的故障提示，良好的容错性。

（3）响应。响应式设计，适应不同屏幕尺寸，提供多终端体验。

（4）视觉。提供赏心悦目的视觉体验，一致的交互显示模式，简单化、扁平化。

（5）智能。提供智能推荐、排序，提供丰富的辅助信息。

3.5.6　系统安全需求及设计

将创新业务中台管理系统安全防御体系有机地融合到整体系统方案部署中，从应用级安全控制、系统级安全控制、数据安全全方位制订保障方案。

（1）登录安全方案。即网络或系统的账号、权限、认证、审计安全等设计方案。承载重要业务的网络或系统要求实现 4A 认证，不得将账号口令固化在软件或程序中；且应实现网络或系统日志的留存和查询，要求留存时间不得小于 6 个月。

（2）网络结构安全方案。即网络或系统的组网安全、路由安全、访问控制列表（ACL）安全、数据存储安全和容灾等设计方案。承载重要业务的网络或系统要求实现双节点或分布式异地组网，具备一定的防攻击防入侵能力，并通过 ACL 关闭非必要业务的网络通信端口。

（3）应用软件安全方案。即网络或系统的基本软件，如设备固件、操作系统、数据库、应用层软件的安全管理方案，要求包括漏洞扫描评估、接口安全，防病毒、移动互联网恶意程序、木马及僵尸网络，开发代码安全管控等。

3.5.7　系统测试

由系统开发成员、测试人员组成的内部测试组对整个系统进行了全面性测试，对测试系统的所有功能菜单、窗体按钮的执行情况进行了全面测试，通过测试—修改—回归再测试，系统的功能点都能够正确稳定执行，符合详细设计要求，可以提交给用户试运行，并进行用户使用测试。

由于系统在使用过程中还会不断改进完善，所以整个内部测试过程要一直做下去，贯穿整个开发过程,直至项目结束。

3.5.8　密码保障系统设计

(1)应用系统的用户管理、权限管理充分利用操作系统和数据库的安全性;应用软件运行时须有完整的日志记录。

(2)不允许以明文方式保存用户密码或系统使用的各类密码。

(3)为保证安全性,口令不允许以明码的形式显示在输出设备上,能对口令进行多种安全限制。

(4)口令规则如下:

①口令长度必须大于 8 位,长度限制为 8~20 个字符。

②口令应包含大写字母、小写字母、数字、特殊符号,缺一不可。

③口令中不得包含 2 位及以上的连续相同数字或字母(如 chrdw#11 的最后 2 位,aa $HDHXT 的前 2 位,sz&555pzc 的中间 3 位)。

④口令中不得包含与账号相同的字母组合,含大小写组合(如账号为 guozw,密码为 guoZW#16)。

⑤不得使用与操作系统、数据库等相关的词组作为口令(如 root、admin、mysql、oralce、system)。

⑥不得使用看似符合要求,实为 3 位及以上连续键盘序列组合作为口令(如 123qweASD,1qaz@ WSX 等)。

⑦超过 90 d 必须强制修改口令,90 d 未登录的账号冻结。

⑧登录 5 次不成功的账号冻结。

第 4 章　建设内容

4.1　水库信息化管理平台升级

　　许家崖水库已建设水库水源地生态工程管理平台项目,现平台需要根据山东省水利厅水利信息化标准完成系统升级,并补充建设可视化数据分析系统,进一步为水利业务管理提供先进可靠的支撑手段,提高水利行业行政效率和决策水平。

　　随着信息技术在水务行业应用的发展,水库管理业务应用正在越过孤立系统阶段,向着协同工作、资源共享的方向发展。根据水库综合管理的实际需求调研,整合大坝安全系统、视频系统等,为用户提供了远程监控、大坝安全监测、信息管理、决策分析等功能模块。

　　系统由信息采集传输系统、计算机网络系统、系统运行环境、数据库系统、安全保障系统、业务应用系统等部分组成。业务应用系统基于 ASP. NET 平台开发,采用 B/S 结构,完全基于最新标准的技术实现,不仅可以满足目前的业务需求,同时为系统的扩展提供了良好的基础。

　　利用现代信息化技术手段充分发挥各类监测、管理、控制系统所生成的各类数据,直观及时地了解水库工况、闸位、水情、降雨等状况,为水库管理及供水、防汛调度决策提供支持。在保证人民群众安全的条件下,最大限度地拦蓄水资源,实现水资源的优化配置。同时,与临沂市水利局监控中心等相关管理部门的系统联接,实现信息的共享。

　　(1)信息采集层设计。该系统是各类信息数据的集中处理、归类、入库、显示交互的平台,所处理的各类数据的获取是本平台能否正常运行的基础,因此信息采集层的设计是系统建设的重要基础环节。

　　(2)通信传输层设计。系统通信传输层设计以管理处为核心,利用库区无线或有线网络。

　　(3)数据资源层设计。系统依照国家相关要求和相关规范,数据库表结构和字段类型统一、明确,采用 SQL 数据库管理系统,保证与原系统数据库管理系统的数据类型兼容性,充分保证数据的安全性和可靠性。

　　(4)应用支撑层设计。应用支撑层提供统一的技术架构和运行环境,为平台建设提供通用应用服务和集成服务,为资源整合和信息共享提供运行平台,主要由各类商用支撑软件和开发类通用支撑软件共同组成。商用支撑软件作为应用支撑层的基础,为平台的开发与运行提供基础软件环境;在商用支撑软件的基础上构建开发类通用支撑软件,将各个子系统所共同需要使用的软件模块进行统一的设计与开发,并以服务的形式提供给各个应用系统使用,最终实现各应用系统技术架构的统一,更便于实现系统内部的业务功能、系统间的业务协同与互联互通。

　　(5)业务应用层。远程监控以 GIS 展示、水系图、远程遥测(水量、水位等信息)、远程拍照等方式,向用户提供实时监控远程监测点的情况;信息管理包括对设备、企业、用户、系统信息的综合管理功能;决策分析以数据报表、折线图、柱状图、饼状图等多种方式为用户提供分析统计数据的依据。

4.1.1　数据资源及服务完善

4.1.1.1　基础资料收集与处理

基础资料收集与处理是以标准体系建设为基础,运用数据库、网络存储、数据备份等技术,建设监测数据接收处理系统、综合数据库系统,建成服务于应用系统的数据存储与管理、共享服务平台,建立协调的运行机制和科学的管理模式,形成数据存储管理体系,为信息分析、应用支撑平台及业务应用系统数据交换和共享访问提供数据支撑。

按照山东省标准化管理对信息的整编要求,对标准化管理中涉及的水库工程基础数据进行梳理,包括形象面貌、制度规范、工程属性、设施设备、防汛物资等水库工程管理信息,以人工填报业务数据的方式进行相关数据的录入。

1. 水库基础资料收集

对许家崖水库工程运行管理工作进行资料收集汇总,资料内容包括形象面貌、制度规范、工程属性、设施设备、防汛物资等水库工程管理信息,资料包含各种格式,来源包括数据库、电子文档、纸质文档、多媒体文件(照片等)等内容,并对资料进行统一汇总。

2. 资料整编处理

1)资料有效性检查

对汇总资料的合理性、一致性、准确性等进行检查,确保收集的资料完整有效,能准确支撑标准化管理工作。

2)资料统一格式转换

将汇总后的资料按照标准化建设要求的统一标准格式进行格式转换,同一类的文档按照预先设计好的规则将抽取的资料数据进行转换,使本来异构的资料数据格式能统一起来。

3)资料整编

对资料进行统一整编处理,从资料数据中抽取本次标准化管理需要的数据内容,并按照应用要求进行处理,形成许家崖水库工程标准化运行管理的同源资料池,便于标准数据库的建设。

4.1.1.2　现有数据资源整合

充分利用已有监测数据资源和业务数据资源,针对已建有相关信息化系统的,通过与现有系统对接的方式进行相关数据资源整合。

4.1.1.3　数据库完善建设

数据库作为数据支持层,是信息服务的信息源头和基础。标准化管理平台基于现有的数据库资源进行补充完善,对形象面貌、设施设备、防汛物资、管理制度及管理自评等信息进行存储和管理,满足水库工程标准化信息服务要求。

1. 基础信息数据库完善

主要存储和管理形象面貌信息、规章制度及规范标准文件、设施设备信息、防汛物资信息、两册一表等信息。

2.业务管理数据库完善

主要存储在日常业务应用系统处理过程中产生与需要的业务数据,包括险情管理、设备安全管理、培训管理、管理评价等信息,以及各业务系统的输入、中间成果、输出等数据,数据形式有标准表结构的结构化数据,也有文本、图片、曲线、图形等非结构化数据。

4.1.1.4　数据汇集与共享

1.数据汇集

从不同部门的业务数据中根据需求对数据进行提取、清洗、审核、重组与入库,供水库信息化管理平台使用。

2.数据共享

数据共享交换为整个水库综合管理系统提供统一的数据交换标准及规范,为各个系统之间、异构数据库之间、不同网络系统之间的信息提供整合手段,对外界系统提供统一的、安全的、可靠的连接手段。

1)提供数据描述

数据共享的主要功能是数据采集和数据应用,需要有一个方便的数据描述方式,作为整个数据共享的基础。

2)提供数据自动同步功能

数据共享服务存在着大量的数据抽取和数据同步需求,需要提供基本的数据自动抽取和同步功能,支持数据同步功能的快速建立。

3)提供空间查询能力

建立共享服务,就是为了方便各个系统共享数据,需要提供基本的数据查询服务和工具,方便业务系统查询及获取共享数据。

4)需要支持不同的数据源

不同的业务系统存储数据的方式可能各不相同,需要支持数据源的不同存储方式(如不同的数据库等)。

根据山东省水利厅对工程标准化管理的数据要求,建设统一的数据交换共享服务,高度融合和挖掘现有水利数据,提供专业的水利数据接口,建立与上级标准化监管平台之间的信息互通桥梁,消除信息孤岛,充分发挥许家崖水库数据资源的最大化效益。

(1)共享内容:根据工程监管需要,信息采集的工程静态数据、动态数据、实时数据均需共享至上级监管平台,同时接收上级平台下发的评价指标、考核指标数据。

(2)共享频次:静态信息通常每年更新一次(必要时及时更新),动态信息根据实际情况按月、周、日进行更新,巡查上报及日常人工填报数据应通过手动更新,将信息保存至管理系统的同时,利用数据交换接口交换保存至相应平台数据库中,实时信息通常进行实时更新。实时接收下发的指标数据。

(3)共享方式:应采用可靠网络利用平台数据接口的方式实现,由水管单位平台主动访问监管平台预留接口完成数据上报、接收。

(4)接口清单见表4-1~表4-3。

表 4-1　工程静态数据共享接口清单

序号	接口名称	接口功能	接口提供方	接口使用方
1	管理单位信息 API	管理单位信息	省市监管平台	水管单位平台
2	工程岗位设置 API	工程岗位设置	省市监管平台	水管单位平台
3	工程人员信息 API	工程人员信息	省市监管平台	水管单位平台
4	管护经费 API	管护经费	省市监管平台	水管单位平台
5	管理手册信息 API	管理手册信息	省市监管平台	水管单位平台
6	人员培训信息 API	人员培训信息	省市监管平台	水管单位平台
7	工程基本信息 API	工程基本信息	省市监管平台	水管单位平台
8	工程特性信息 API	工程特性信息	省市监管平台	水管单位平台
9	水库库容曲线 API	水库库容曲线	省市监管平台	水管单位平台
10	工程管理设置信息 API	工程管理设置信息	省市监管平台	水管单位平台
11	工程划界确权信息 API	工程划界确权信息	省市监管平台	水管单位平台
12	注册登记信息 API	注册登记信息	省市监管平台	水管单位平台
13	档案资料信息 API	档案资料信息	省市监管平台	水管单位平台
14	安全鉴定信息 API	安全鉴定信息	省市监管平台	水管单位平台
15	工程面貌信息 API	工程面貌信息	省市监管平台	水管单位平台

表 4-2　工程动态数据共享接口清单

序号	接口名称	接口功能	接口提供方	接口使用方
1	汛前检查信息 API	汛前检查信息	省市监管平台	水管单位平台
2	年度检查信息 API	年度检查信息	省市监管平台	水管单位平台
3	专项检查信息 API	专项检查信息	省市监管平台	水管单位平台
4	工程隐患信息 API	工程隐患信息	省市监管平台	水管单位平台
5	工程异常信息 API	工程异常信息	省市监管平台	水管单位平台
6	控制运行信息 API	控制运行信息	省市监管平台	水管单位平台
7	险情上报信息 API	险情上报信息	省市监管平台	水管单位平台
8	工程预案信息 API	工程预案信息	省市监管平台	水管单位平台
9	物资储备信息 API	物资储备信息	省市监管平台	水管单位平台
10	防御队伍信息 API	防御队伍信息	省市监管平台	水管单位平台
11	维修养护信息 API	维修养护信息	省市监管平台	水管单位平台
12	除险加固信息 API	除险加固信息	省市监管平台	水管单位平台

表 4-3　工程实时数据共享接口清单

序号	接口名称	接口功能	接口提供方	接口使用方
1	实时雨情信息 API	实时雨情信息	省市监管平台	水管单位平台
2	实时水库水情信息 API	实时水库水情信息	省市监管平台	水管单位平台
3	实时河道水情信息 API	实时河道水情信息	省市监管平台	水管单位平台
4	实时堰闸水情信息 API	实时堰闸水情信息	省市监管平台	水管单位平台
5	实时闸门启闭信息 API	实时闸门启闭信息	省市监管平台	水管单位平台
6	实时渗压信息 API	实时渗压信息	省市监管平台	水管单位平台
7	实时位移沉降信息 API	实时位移沉降信息	省市监管平台	水管单位平台
8	实时视频信息 API	实时视频信息	省市监管平台	水管单位平台
9	实时供水信息 API	实时供水信息	省市监管平台	水管单位平台

4.1.2　水库工程标准化数字管理功能完善

基于现有的许家崖水源地工程指挥综合信息系统,以基础信息、闸泵工情信息、水雨情信息、大坝安全监测信息、视频监控信息、工程检查信息、地理空间信息等为基础,对标水库工程标准化管理的各个方面进行数字化、流程化、标准化的管理。系统采用 B/S 模式,在 Internet 环境下开发实现标准化管理相关的功能模块,并建立移动端管理系统,实现"一站式"的信息交互查询与可视展示,提高工程运行管理的现代化水平。

4.1.2.1　标准化功能模块完善

针对水库工程管理单位(管理责任主体),以工程日常工作管理业务和运行管理业务为核心,在现有的许家崖水源地保护工程指挥综合信息系统的基础上,对标山东省水利厅关于工程设施、安全管理、运行管理、管理保障、运管考核等业务工作内容的建设要求,补充完善建设许家崖水库工程标准化数字管理的相关功能模块,提升许家崖水库工程标准化管理水平。

1. 形象面貌

系统提供标识标牌、工程环境、管理房、档案室等图片上传展示功能。用户通过系统可直观了解工程基本形象面貌,提升工程服务水平。

2. 设施设备管理

1) 设备登记

针对工程相关重要设施设备,可通过系统录入相关的设施设备基础信息、厂商信息、采购日期、负责人等;系统提供多种自定义条件的快速查询和统计分析,并提供设备编码编辑、删除、增加等操作。同时,系统可生成相应二维码,并可下载打印,按规范粘贴于设备表面。

管理人员在设备检查时,可通过手机扫描二维码,识别设备信息。

2)设备安全管理

把水库管理单位的安全生产职责及其管理对象细化为设备单元,每个单元落实责任人,运用计算机、网络、管理流程设计等技术,把每个单元的安全状况、维护记录实时反映出来,使管理人员随时掌握工程安全生产动态,及时发现和消除安全隐患,确保工程安全运行。

水库管理人员能够针对各工程的工程类型、工程级别、管理单位等相关因素,对它们的设备单元类型、单元名称、单元管理责任人、分管领导、设备单元评价细则、设备单元处理期限等相关信息进行录入管理和维护。

3. 防汛物资

对防汛物资类别、物资信息、库存清单进行管理。基于电子地图查询水库工程防汛物资名称、规格型号、上报时间、存量、有效期、存储形式等内容,实时更新物资信息及库存清单,同时对物资出入库情况进行统一管理,记录相关信息,保障汛期防汛物资的供应。

4. 险情管理

管理人员在巡查、检查、观测过程中,一旦发现险情,需及时将险情问题记录并上报,包括险情名称、险情发现时间、险情记录、上报人、负责人、应急响应情况、险情处置情况等。险情处理结束后,可上传险情处置报告等相关附件。

5. 两册一表

系统提供两册一表相关资料的录入管理功能,并可对文档资料进行下载、打印。

6. 培训管理

通过培训计划制订、培训记录查询、培训统计分析等,可编制、审批岗位年度培训计划,编制培训实施方案,详细记录培训实施情况,对员工培训进行评价,生成相应的报表。

7. 管理制度

系统提供水库工程管理相关制度的管理维护功能,用户可快速查阅,并可对文档资料进行下载、打印。

8. 管理自评

对于水库工程运行管理单位,按照工程标准化管理评价办法,系统将在考核指标管理的基础上,对已完成创标的工程进行统计分析以及问题处理追踪。

1)自评指标管理

根据《山东省水库工程标准化管理评价办法(试行)》,系统提供大型水库工程考核指标维护管理功能,包括对考核指标的查询、编辑、赋分原则修改等相关信息的管理和维护。

2)自评实施

根据考核指标体系,对水库工程管理单位运行管理情况进行分类评分、年度考核,生成客观评价依据,有力支撑水库工程标准化管理考核结果。主要功能是对水库工程运行管理进行评价,包括组织管理评价、运行管理评价、安全管理评价、资料档案管理评价、信息化管理评价等内容,利用评价模型进行考核得分计算,按水库工程类别分子模块,用户可查看水库工程监督评价信息。

3)自评问题管理

系统将对水库工程考核中存在的一些问题进行汇总展示,同时对相应问题的整改过程进行追踪,从而更好地实践水库工程标准化管理,弥补自身管理缺陷,优化工程管理质量,达到精细化管理的目标。

4.1.2.2　移动工作平台

移动工作平台基于智能手机移动终端进行开发建设,与 PC 端的许家崖水库工程标准化管理数字信息平台互联互通,主要服务对象为工程管理人员和巡查人员。平台基于现有的移动工作平台进行开发,补充完善维修养护、调度运行信息等模块,为水利工程不同管理岗位人员提供全面、快捷、简便、高效的移动化办公手段,方便人员外出时的信息获取和实时办公。

1. 维修养护信息

查询展示维养项目计划、项目基本信息,以及维养过程记录、维养成果资料等。

2. 调度运行信息

针对水库管理人员,提供工程调度任务接收、运行操作过程记录等功能,实现工程调度任务接收、执行、反馈的"闭环"管理,提高工程运行的安全管理。

调度任务待办提醒:闸门操作运行人员可以在移动巡查终端中查看需要执行的巡查任务。

运行操作过程记录:闸门操作运行人员可以通过移动巡查终端,对闸门启闭前上、下游情况,闸门启闭后上、下游情况,闸门实际操作情况等进行实时上报,通过移动终端及时以文字、图像等形式记录下来,系统提供运行操作过程记录、现场拍照、录音、录像等功能。

4.1.3　水库可视化数据大屏

对水库工程运行管理相关数据资源进行深度挖掘、提炼、分析、应用,通过"业务场景构建—关联数据抽取—数据分析统计—可视化设计—大屏开发"流程,进行信息多维关联融合,实现许家崖水库水源地可视化数据大屏的构建。整个构建流程中需要通过专业化的视角围绕核心业务深入分析问题及指标,需要清晰的业务思维来设计信息的展现逻辑与布局,需要可视化的用户体验设计,最终为调度指挥人员提供一个掌握全局、运筹帷幄的综合展示大屏,主要包括以下几方面。

4.1.3.1　业务场景构建

基于对许家崖水库水源地综合监视以及库河联调等业务的分析,提炼核心问题及分析指标,构建许家崖水库水源地综合指挥驾驶舱与防汛调度场景。

4.1.3.2　关联数据抽取

基于构建的业务场景,从数据库中抽取业务场景必需的关联信息形成主题信息仓,为场景构建、大屏展示、数据统计分析提供更精细、更标准的数据服务。

4.1.3.3　数据分析统计

根据主题信息仓汇聚的各类关联数据和对业务的深刻理解,按照分类、分级原则对数据进行统计分析,将各类监测信息、模型计算成果、统计分析结果进行归类统计,提高数据的分析利用价值。

4.1.3.4　可视化设计

数据可视化致力于用更生动、更友好的形式,通过交互式实时数据、可视化大屏来帮助业务人员发现、诊断业务问题。围绕"主题明确、逻辑清晰"的思路,通过"应用场景化"的形式对数据分析统计成果进行可视化展现设计。

4.1.3.5　许家崖水库防汛调度专屏建设

采用当前主流 UI 设计及技术手段,构建许家崖水库防汛调度可视化专题大屏展示,在一个页面上科学直观地反映水库洪水预报调度,以及与下游河道联调情况,综合展示水库自动预报、洪水跟踪、库河联调等信息,协助水库管理人员掌握水库防洪形势总体情况。

1. 防洪监测分析

展示水库防洪相关的实时监测及气象信息,包括天气预报、降雨分析、水雨情监测、工情监测、台风路径等,为水库防洪提供必要的实时信息。

2. 运行动态预警

展示水库的洪水预报与库河联调业务运行动态,包括洪水自动预报、洪水跟踪、库河联调等信息,并根据相关运行动态进行水库防洪形势与安全分析预警。

3. 统计分析

对水库洪水预报与库河联调相关要素进行统计分析展示,为水库领导提供掌握水库防洪形势的快捷手段。

4.2　基础感知体系

基础感知体系是水库安全运行的基础,优先利用水库已经建设的内容,在合理布局并满足管理需要的基础上对水库进行补充完善。结合国家、行业等相关标准规范以及水库实际需求,许家崖水库基础感知体系建设主要包括大坝安全监测系统、水位监测系统、视频监控系统。

4.2.1　大坝安全监测系统

大坝作为特殊的建筑,若出现问题,将会引发大坝下游一定范围的人员损失、财产损失和环境损失。在加强水利建设的大环境下,提高水工建筑物的安全等级,特别是提高大坝安全自动监测水平,保证水库大坝的运行安全,是关系到国家利益和社会稳定的头等大事。通过建设大坝安全自动监测系统,实现大坝观测数据自动采集、处理和分析计算,对大坝的性能、状态正常与否作出初步判断和分级报警,为管理人员提供预警预报;可以缩短数据采集周期,提高大坝观测的工作效率,减轻劳动强度;并能充分利用水库调蓄能力,使其在防洪和供水两方面发挥最大的效益；可提高水库管理水平，及时发现大坝隐患，为水库的安全运行提供有力的保障。

4.2.1.1　需求分析

水库安全监测系统的主要监测项目有坝体表面变形监测、坝体及坝基渗流压力监测等内容。水库安全监测系统的总体预期是保证水库的安全，充分发挥工程效益，更好地为安全生产服务。在功能和性能上有如下需求。

1. 功能需求

（1）对水库重要运行数据的采集、传输、计算、分析需要，包括水库水位、库区降水量、坝体表面变形监测、坝体及坝基渗流压力监测等，以便管理人员实时掌握水库运行的安全状态。

（2）对各项监测数据的历史变化过程及实时状态直观显示的需要，以便为水库管理人员提供简单、明了、直观、有效的信息参考，减少因人工误操作等原因造成的误差。

（3）对预警信息及时发现的需要，对各项实时数据进行深度挖掘、分析验算，科学、客观地评价坝体实时安全状态；当水库某项指标出现异常（如水库水位超过保障水位、坝体位移或位移速率超过警戒值、坝体浸润线异常超高等）时，系统能及时发出预警信息（包括声光报警、监测大屏显示、短信报警功能等）。报警及时、迅速、直观，做到一旦超过限值立即报警，可以让管理人员有足够的时间做好安全防范工作，降低灾害发生的可能性。

（4）管理及时便捷的需要，可实现水库安全监测系统的远程登录、远程访问、远程管理和远程维护。

（5）对大坝已建和新建的位移监测、渗压监测，溢洪闸 5 个渗压数据全部接入信息化管理平台，实现统一数据展示。

2. 性能需求

（1）监测系统需充分考虑工程的实际特点，合理设置监测相关项目，科学布置监测断面和点位，既要保证监测点的代表性，又要体现其特殊性，系统要能有效、准确地反映水库大坝的运行状态。

（2）监测系统要具备图文显示功能，又需具备及时发现异常并报警功能。

（3）监测系统稳定性好，有掉电保护功能，数据安全性高。

（4）监测系统要有良好的数据安全防护功能，要求有多级用户权限、多级安全密码，对系统进行安全管理。

（5）监测系统对配置参数可进行人工设置调整，系统要具有自检能力，及时发现故障，以方便维护、维修。

（6）监测系统除实现数据自动监测自动存入数据库功能外，要同时具备人工数据补录功能，便于系统故障后的数据维护，保证数据连续性、完整性。

4.2.1.2　设计依据与目标

1. 设计依据

水库大坝安全监测系统的设计和实施方案是在依据相关的国家和行业标准和规范的基础上，结合水库工程的具体情况制定的。监测方案设计依据如下：

(1)《水利水电工程等级划分及洪水标准》(SL 252—2017);

(2)《土石坝安全监测技术规范》(SL 551—2012);

(3)《全球定位系统(GPS)测量规范》(GB/T 18314—2009);

(4)《大坝安全自动监测系统设备基本技术条件》(SL 268—2001);

(5)《土石坝安全监测资料整编规范》(DL/T 5256—2010);

(6)《大坝安全监测自动化技术规范》(DL/T 5211—2019);

(7)《水利水电工程施工测量规范》(SL 52—2015);

(8)《水文自动测报系统技术规范》(SL 61—2003);

(9)《水库大坝安全评价导则》(SL 258—2017);

(10)工程建设、运行管理、除险加固等相关资料、报告等。

2. 设计原则

水库安全运行综合监测分析管理系统建设是水库规范化管理的重要组成部分,为带动水库管理规范化建设,提高管理和公共服务水平,顺应现代信息技术的发展趋势,在系统规划及建设中应遵循以下原则。

1)科学规划,分步实施

本着"科学规划、规范设计、完善功能、满足需求、分步实施、节约投资"的指导思想,搭建技术先进、功能完善的系统基础框架,可根据需求的缓急程度及资金状况分步实施,既满足管理需要,又避免了重复投资造成的浪费。

2)统筹兼顾,突出重点

系统建设要围绕水库安全管理中心工作,特别是工程巡查、变形监测、渗流监测、数据分析、资料整编等内容,完善物联感知、提升基础保障、完善业务应用、强化数据分析功能、改善资料整编、建立运行维护体系等,突出重点,同时坚持统筹兼顾、急用先建,逐步推进水库运行安全体系建设。

3)统一标准,资源共享

标准和安全是信息化建设的重要保障,加快推进标准化与规范化建设,全面推进水库信息资源的交互共享,打破信息壁垒,消除信息孤岛,深入挖掘海量信息资源价值,提升信息资源利用效率和应用能力,支撑和促进信息资源的广泛共享和深度开发。

4)技术创新,先进适用

随着现代信息技术的日新月异,应坚持开发和应用高新技术,包括物联网、云计算、大数据、移动互联等,在大坝运行管理方面能更及时、客观地获得数据和信息,更准确、高效地预测、预报和预警等,更好地服务于经济社会全面、可持续发展的科学决策。

5)建管并重,保障到位

在确保系统建设质量、进度和安全的同时,进一步理顺管理体制,明确管理职能,落实管护经费,加强工程管护,通过统筹建设、集中管理、持续维护,确保系统建设的整体效益和可持续性。

3. 系统预期目标

水库安全监测系统的总体预期是保证水库闸坝的安全,充分发挥工程效益,更好地为安全生产服务。本系统实施后应能实现以下目标：

（1）物联感知全面精准。维护、整合原有已建的监测设施，完善水库缺失的监测设施，建设新一代大坝渗流和表面变形观测设施，实现对水库的环境量监测、大坝变形监测与渗流监测等功能，提高观测数据的精确性、可靠性和稳定性，为管理人员提供翔实可靠的观测数据。

（2）预警信息实时更新。提供 24 h 实时在线监测预警，保证恶劣环境下对水库安全运行状态的不间断监测。发现不正常现象时及时进行分析，并通过声光报警提醒水库管理人员采取必要措施进行处理，以预防事故的发生，以充分发挥工程效益，更好地为安全生产服务，保障下游人民群众的生命和财产安全。

（3）业务应用平台全面展现。部署新一代水库安全运行综合监测分析管理系统，在实现对水库的环境量监测、大坝变形监测与渗流监测，以及安全分析、水文分析、洪水预报、数据管理等功能的基础上，提供闸坝安全评判预警和辅助决策、闸坝基础资料及业务资料整编、巡视检查痕迹式管理等业务管理功能。

（4）移动平台便捷高效。为客户提供计算机端（PC）和移动端（APP）相结合的平台。

（5）实现大坝安全监测的自动化。系统建成后，具有精度高、集成度高、自动化程度高、可靠性高、稳定性高等特点，可实现数据计算、分析、预警一体化、自动化和远程控制功能，可实现客户基于移动互联网的管理，极大地提高工作人员工作效率。

（6）统一标准互联互通。系统提供灵活的数据接入接口，在满足新建系统数据接入的同时，整合利用水库已建系统（如降水量、库水位等），同时系统对上提供标准的数据格式，可无缝接入已建水库综合管理平台及上级主管部门的信息管理系统。

4.2.1.3 总体设计

1. 设计思路

水库安全运行综合监测分析管理系统充分利用现代检测技术、通信技术、网络技术和计算机技术，通过相应传感器感知大坝的变形、渗流、应力、水文、气象、水质等数据，现场的远程监测终端单元通过无线或有线的方式采集前端传感器的信号并进行预处理和存储，根据系统数据传输体制要求，自动上报或接收管理中心的指令后将相关参数报送信息中心，在管理中心对数据进行处理、统计、整编、分析、预警等，提高大坝安全监测的实时性、可靠性和精度，及时预报水库设施的安全状态、大坝承受能力和可能发生的事件。可结合视频监控系统实时观测河道、水库及涵闸等运行情况，为领导决策提供直观的图像信息，系统的建立可为水利部门提供尽可能全面、准确的信息，使各级管理人员实时、动态地掌握水库运行情况。

许家崖水库大坝安全监测设施改造提升项目主要在现有水库大坝安全监测设施进行维修改造的基础上，实现对水库大坝安全监测的自动化管理，建设水库大坝渗流观测系统和大坝表面变形监测系统，部署新一代水库安全运行综合监测分析管理信息化系统，实现对水库安全运行状态的监测、分析和安全状态预判，实现对大坝安全监测资料的整编分析工作，为后期省、市、县三级监管平台的建设提供数据支撑基础。

2.总体功能要求

水库安全运行综合监测分析管理系统采用有线网络传输系统。

总体功能分为许家崖水库安全运行设施远程数据实时监测、数据分析和信息通信传输三部分。

1) 实时监测内容

实时监测内容包括水库的水位、库容、大坝渗流压力与坝体表面变形监测等,具体如下:

(1) 大坝渗流压力远程监测设施:通过渗压监测设备实时监测坝体、坝基测压管内的水位变化情况,并对水位数据进行分析、处理、转换,将数据转换成国家和行业规定的格式,通过通信网关传输至数据库。

(2) 大坝表面变形远程监测设施:GNSS 位移和沉降监测分析终端实时监测设立在坝体上监测点相对监测基点的垂直和水平变化量,并对变化数据进行分析、处理、转换,将数据转换成国家和行业规定的格式,通过通信网关传输至数据库。

2) 数据分析

数据分析主要包括水库大坝坝体的安全分析。

3) 信息传输

各监测点根据不同的监测项目类别和现场实际工况,组合各自"无线局域网",利用上位机网关采用"物联网"公共网络进行信息传输,各观测点具备较强的独立性,可有效避免因雷击、断电等造成的整体瘫痪事件,易于维护。物联网传输图见图 4-1。

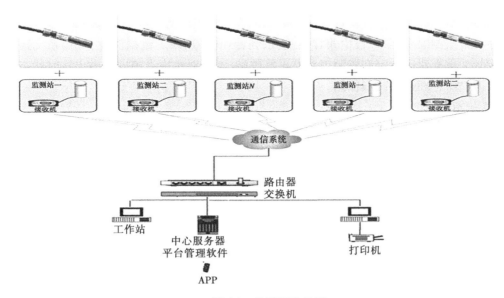

图 4-1 物联网传输图

4) 主要建设内容

水库安全运行综合监测分析管理系统建设,是针对许家崖水库的实际情况和需求,本

着"先进实用、整合利用、节约投资"的建设原则进行设计建设,主要包括以下 5 部分内容:

(1)大坝渗流监测系统自动化监测提升。对水库大坝 9 个监测断面,进行 48 套渗压设备的维修及改造,布设 9 个无线网关;新建 0+300 断面标准化渗压监测设施,布设 4 个渗压设备和 1 个无线网关,实现对大坝渗流监测数据的采集、存储、上传管理功能。

(2)大坝坝体表面变形自动化监测系统建设。根据大坝的长度、分布等现状,在主坝、溢洪道和放水洞部署位移监测点,建设可靠、高速的数据传输网络,实现各测站数据与中心的实时传输。目前还有 6 个断面需要 18 个位移监测点。

(3)管理中心软、硬件环境建设。系统利用现有的办公环境及网络,新购买一台服务器,部署数据库软件,部署大坝安全自动监测信息管理系统软件,预留巡视检查、变形监测、压力(应力)监测、环境量监测等接入功能,全面提升大坝安全信息化规范化管理水平。

(4)建设安全分析子系统。通过对大坝坝体表面变形、大坝渗流等指标的实时监测数据分析验算,科学、客观地评价其实时安全状态和变化趋势。

(5)建设水库安全运行综合监测分析管理信息化平台。随着科学技术的进步,尤其是信息化技术的高速发展,"自动化远程监测、大数据智能分析"已成为趋势。由于资金、认知等原因,水利行业监测自动化、信息化较其他行业相对落后,普遍存在着位移测量仍采用人工方式,渗流监测自动化设备使用寿命较短(一般不超过 3 年),水库水质监测仍是人工采样的方式,缺乏在线实时监测手段等技术滞后的问题。

近几年,部分水库陆续建设了自动监测信息化系统,通过深入、广泛的调研,发现这些系统性能差异较大,基本上仅实现水库单项指标或部分指标的数据采集、显示和超限报警功能,存在着监测综合性差、数据兼容性差、水利专业性差、缺乏数据深度分析、系统运维升级不到位、重复建设投资和资源浪费严重等弊端,无法对水库设施安全做出实时状态分析,难以为水库管理提供决策依据。

5)系统组成

本系统对大坝关键断面表面位移监测、渗流量、水位实时自动观测。大坝关键断面表面位移监测使用 GNSS,大坝渗压监测选用渗压仪,现场采用太阳能供电,通过无线网络进行数据传输。后台集中在管理中心的控制室进行数据接收和显示存储处理。

该系统包括 18 处 GNSS 自动化监测设备、9 个大坝渗流压力监测断面渗流压力观测点、管理中心监控工作站及自动化管理软件。监测点由 GNSS 接收机、渗压采集系统、供电系统、采集终端、通信系统及保护装置组成。

后台系统采用.net 框架平台,充分利用平台在数据访问、通信、分层等方面的技术优势,将大坝安全管理软件打造成可伸缩、可扩展、功能齐全、界面简洁美观、升级维护方便、自动化程度高的系统。

数据管理包括监测设备基本资料管理、实测数据管理和大坝表面变形、渗流数据变化曲线分析管理。

基本资料主要是用户资料、大坝横断面资料、监测点情况(考证表)、地质资料。具体包括用户资料(可确定用户的性质和使用权限)、大坝监测设备名称、桩号、位置、大坝横断面、坝顶高程及宽度、地质情况等属性以及基本设计参数等资料。监测设备基本数据可通过设备考证表进行查询。

自动化实测数据以一个桩号一个表格的方式存储在数据库中。系统按用户的使用权限可以修改、增加、删除数据,亦可使用 Excel 软件录入或导入、导出数据。

人工观测的大坝水平位移和垂直位移等数据作为单独的模块管理,需人工录入数据,结果自动计算。

6)系统功能

(1)数据的实时检测与处理功能。系统能把各检测参数在相应画面和报表中显示出来,根据需要对数据进行诸如最大值、最小值、平均值、累加值、定时值等的计算处理,并分类进行存储,接受各种形式的查询。

(2)图形处理功能。能根据数据库绘制实时曲线图和历史趋势曲线图。

(3)自动报表生成功能。能根据需要按不同的时间周期,如日、周、月、年等自动生成各种报表。

(4)历史档案数据存储功能。能通过打印报表、磁盘备份和读写光盘等多种方式存储历史数据、历史曲线等。

(5)自动超限报警功能。系统能根据预先设置的报警限值,在实测值超限时发出报警信息,以便及时采取措施。

(6)输出打印功能。查询信息、图形曲线、报表等都能在屏幕上显示和打印出来。

(7)通过计算机键盘或鼠标及显示器的提示,可对所有设备进行操作。

(8)对所有的设备进行监视保护,当发生故障时报警,自动显示及打印故障与事故对象、性质、参数等。

(9)对监测参数进行监测,参数异常时,发出报警信号或停机。

(10)具有标准的 TCP/IP 以太网接口,保证系统的开放性。

4.2.1.4　大坝渗压监测系统

水库坝体、坝基的渗压是影响水库安全运行的关键因素,对坝体、坝基的渗压实施有效的高精度实时监测与分析,是安全监测不可缺少的关键内容,亦是衡量水库安全的重要指标。

1. 建设内容

许家崖水库大坝渗压监测系统的改造和升级。

2. 监测仪器比选

目前,大坝渗压自动监测传感器大多采用投入式(振弦、压阻式)、光纤传感式、浮子式等方式,水利行业应用现状不一,在大坝安全监测中发挥了一定的作用。

许家崖水库大坝渗压监测的主要工作是,把已经安装的渗压计加装 MCU(微控制单元),实现数据自动化采集、传输、数据存储和自动化分析,并具有报警功能,而且浸润线具有历史回放功能,大坝安全监测软件具有自动化分析和自动出具监测报告的功能。大坝渗压监测方法见表 4-4。

表 4-4　大坝渗压监测方法

编号	大坝渗压监测方法	方法简介	优势	缺点
1	振弦式	振弦式渗压计加装配套附件可在测压管道、地基钻孔中使用,渗压计为全不锈钢结构。振弦式渗压计具有智能识别功能。 现场测控单元以可靠、先进、适应野外条件能力强、通信灵活、接入仪器品种多等为原则。其可以对传感器供电,可以进行多路传感器自动切换,具有数据暂存及断电数据保护功能,具有对传感器工作状态的诊断和自诊断能力,应防潮密封。现场测控单元是与传感器配套的二次仪表,其具有精度高、稳定性好、转换时间短等特点,可将多路水位传感器的信号同时转换为数字量,并通过 RS485 总线传送至上位机软件,上位机采集各路信号后进行数据处理、显示、打印、储存并生成各报表及分析曲线	振弦式渗压计技术成熟、工作稳定、在土石坝渗压监测中广泛应用。具有维护方便、数据采集传输组网灵活可靠、环境适应性强、后期运行维护方便、性价比高等优点	—
2	激光式	测量距离为 30 m,最小显示单元为 1 mm,测量精度为 ±2 mm,数据输出率为 2 Hz,指示光为红色激光,防护等级为 IP67,壳体材料为压铸铝合金。自适应激光水位测量对焦系统主要由激光测距仪、延展式浮动激光靶标、激光微调对焦组件组成。激光测距仪固定在激光微调对焦组件上,激光微调对焦组件安装在 PE 浮筒上端口中心上方,通过激光微调对焦组件的调节,可保证激光发射到靶标中心点,从而保证激光采集数据的精确度。 延展式浮动激光靶标主要由 PE 浮筒、激光靶标、限位器、碳纤维连接杆及浮球组成,激光靶标随测压管水位变化而上下浮动变化,限位器可避免碳纤维杆随水位变化而左右大幅度摆动	激光一体化测压管测量系统采用非接触式监测,具有高精度、高可靠性特点,其稳定性、耐久性远超传统技术。仪器设置在坝顶,如发现数据异常,可适时维修,方便快捷,可保证观测数据的准确性和连续性	价格昂贵

续表 4-4

编号	大坝渗压监测方法	方法简介	优势	缺点
3	跟踪式	采用感应式水位检测原理,水位感知不受水质、积沙等环境条件影响,水位变化判断监测准确、误差小。可在雷雨等恶劣天气环境安全运行。 测量变幅:0~20 m(量程可定制); 水位分辨率:0.1 cm; 测量基本误差:≤±1 cm; 测量回差:≤±1 cm; 重复性误差:≤±1 cm; 通信方式:GPRS 公共移动网络、无线自组网; 灵活可设的测报方式:定时自报、随机自报、查询应答、变化量及时测报等	跟踪式智能渗压遥测仪具备监测数据准确、误差小、长年运行、无漂移、稳定可靠等优点	后期维护相对困难,容易受淤泥影响,清淤不及时会影响数据采集的准确性

由表 4-4 可知,振弦式渗压遥测仪具备维护方便、数据采集传输组网灵活可靠、环境适应性强、后期运行维护方便、性价比高等特点。综合对比渗压监测建设成本及实际需求和使用效果,渗压监测设备主要采用振弦式智能渗压遥测仪,实现测压管水位数据的自动监测及数据采集传输。

振弦投入式传感器具备监测数据准确、运行稳定、寿命长、抗雷击、维护方便、数据采集传输组网灵活可靠、环境适应性强、安装维护方便等特点。

(1)监测数据准确:采用高精度激光测距原理,监测水位不受泥沙、污染等环境条件影响。

(2)稳定性高:设备长时间运行,监测数据稳定可靠,无漂移。

(3)安全性高:设备可在雷雨等恶劣天气环境安全运行,抗雷击、抗干扰能力强。

(4)环境适应性强:设备采用主动跟踪式测控原理,可在细小、潮湿、有泥沙的常规测压管环境条件下,常年稳定精准测量。

(5)安装使用方便:设备结构紧凑,采用一体化独立设计,安装使用方便,采用独立供电及灵活的无线组网方式,最大限度地降低施工成本,提高系统运行安全稳定性。

(6)免维护运行:完善防护措施,提高设备整体性能,整体设备可达到常年全天候稳定可靠、免维护运行。

(7)灵活的参数设置及数据测报方式。

3.监测点设置

《土石坝安全监测技术规范》(SL 551—2012)要求如下:

(1)监测内容包括坝体监测断面渗压分布和浸润线位置的确定。

（2）坝体横向监测断面通常选在最大坝高处、合龙段、地形地质条件复杂坝段、坝体与穿坝建筑物接触部位、已建大坝渗流异常部位等，不少于 3 个监测断面。

（3）监测横断面上的测线，应根据坝型结构、断面大小和渗流场特征布设，不少于 3 条。

（4）刚性心墙坝在心墙体上下游侧各 1 条，排水体前缘 1 条。

（5）坝基渗流压力监测内容包括坝基岩土体、防渗体和排水设施等关键部位的渗流压力及其分布情况。

（6）坝基监测横断面应与坝体渗流压力监测断面相重合，不少于 3 个；每个断面不少于 3 个测点。

大坝典型断面图见图 4-2。

4. 大坝渗流压力监测系统建设方案

1）系统功能及性能要求

（1）对坝体和坝基的渗流浸润线数据能定时和不定时地自动采集和存储。

（2）可对大坝渗流作用状况进行实时定性、定量的简明分析，如实时显示各监测断面的渗流浸润线以及数据报表等。

（3）对大坝渗流安全实时监测、分析和预警。

2）系统组成

大坝渗流压力监测系统由测压管、渗压计、通信管理网关、供电装置及管口保护装置组成。

（1）渗压计数据整合分析。对已经安装完毕的渗压数据进行整合，数据上传到综合管理分析平台，结合新建设的位移自动化观测系统，进行大坝安全综合分析。

（2）通信管理网关。网关有强大的网络转换管理能力，实现网络跨网传输，可同时支持物联网，全网通，3G、4G、5G 等全线网络，为客户的项目建设提供更多选择。支持多数据中心备份传输及多数据中心同步传输，可适用快速或较大规模的信息传输。

（3）通信系统。为满足实时传输，采用有线传输方案，监测点与数据中心通过通信管理网关实现跨网安全传输，最大限度地降低施工难度，提升后期维护的水平，每个断面的数据传输线对应接入大坝的现有光纤。

（4）供电系统。本系统采用大坝上的市电进行供电。

3）测压管水位人工校核

测压管人工校核计划采用便携式电测水位计。便携式电测水位计适用于地质、矿山、水文等部门的水文观测孔、地质钻孔、水井、水库大坝及江河湖海的直接测量，以替代目前常用的测绳测钟、电线万用表等原始落后的简易测水仪器。

便携式电测水位计由测线、探头、水位检测器、卷线轮、支架导电机构、摇把、皮背包等组成，其主要特点是体积小、重量轻、价格便宜、携带方便。

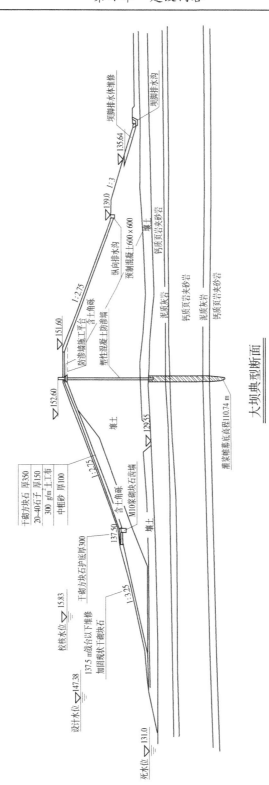

图 4-2　大坝典型断面 （单位：高程，m；尺寸：mm）

便携式电测水位计主要技术性能如下：

（1）测量深度：100 m、200 m、300 m、500 m、600 m。

（2）测量误差：不大于±0.1%（±10 cm/100 m）（达到标准 ISO 规定的三级水位计精度标准）。

（3）探头直径：14 mm；探头敏感区域不大于±5 mm。

（4）重复测量精度：不大于±10 mm。

（5）测线技术条件：外径ϕ2.0 mm，7/0.25 镀锌钢芯，高密度聚乙烯绝缘，破断拉力不小于 25 kgf。

（6）水位检测器灵敏度：外接大地电阻不小于 500 kΩ。

（7）水位检测器功耗：不大于 15 mA。

（8）水位检测器电源：6F22.9 V 叠层电池。

（9）使用环境：−20 ℃ ~ +40 ℃，相对湿度为 85%。

5.新建 0+300 断面渗压监测实施方案

大坝 0+300 断面仪器布置图见图 4-3。

1）测压管施工工序

测压管施工工序：造孔→测压管制作加工→测压管安装、埋设→封孔→检查验收→管口保护。

（1）造孔。为留有足够空隙填充封孔材料，测压管内径小于 50 mm 时，钻孔直径不宜小于 100 mm。造孔采用干钻，严禁用泥浆固壁，为防止塌孔，可采用套管跟进护壁。

（2）测压管制作加工。测压管由透水管段和导管段组成。透水管段开孔率宜为10% ~ 20%（呈梅花状分布，排列均匀，内壁无毛刺），外部包扎无纺土工织物。管底封闭，不留沉淀管段。

（3）测压管安装、埋设。埋设前应对钻孔深度、孔底高程、孔内水位、有无塌孔以及测压管加工质量、各管段长度、接头、管帽情况等进行全面检查并做好记录。下管前应先在孔底填约 10 cm 厚的反滤料。下管过程中，必须连接严密，吊系牢固，保持管身顺直。就位后，应立即测量管底高程和管水位，并在管外回填反滤料，直至本测点的设计进水段高度。

（4）封孔。测压管透水反滤段以上应严密封闭，以防降水等干扰。封孔材料，宜采用膨润土球或高崩解性黏土球。

（5）检查验收。测压管安装、封孔完毕后应进行灵敏度检验。检验方法采用注水试验，一般应在库水位稳定期进行。试验前先测定管中水位，然后向管内注清水。若进水段周围为壤土料，注水量相当于每米测压管容积的 3 ~ 5 倍；若为砂粒料，则为 5 ~ 10 倍。注入后不断观测水位，直至恢复到或接近注水前的水位。对于黏壤土，注入水位在 5 昼夜内降至原水位为灵敏度合格；对于沙壤土，一昼夜降至原水位为灵敏度合格；对于砂砾土，1 ~ 2 h 降至原水位或注水后水位升高不到 3 ~ 5 m 为合格。

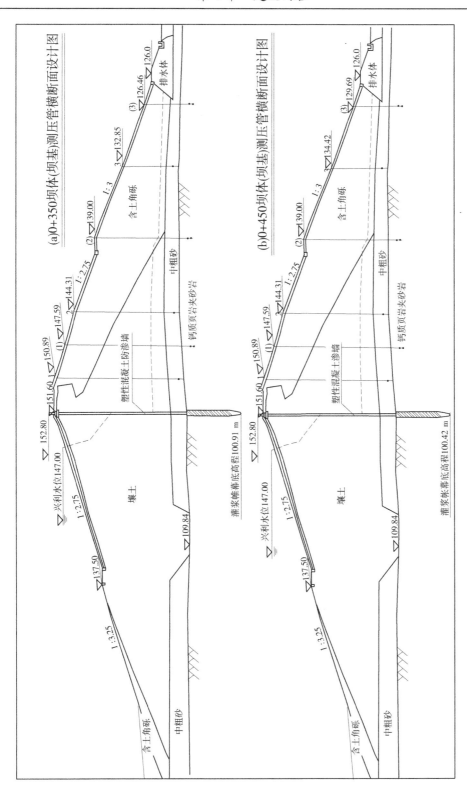

(a)0+350坝体(坝基)测压管横断面设计图

(b)0+450坝体(坝基)测压管横断面设计图

图 4-3 大坝 0+300 断面仪器布置 （单位：m）

（6）管口保护。灵敏度合格的测压管，应尽快安设管口保护装置。管口保护装置一般可采用混凝土预制件、现浇混凝土或砖石砌筑，但均要求结构简单、牢固，能防止雨水流入和人畜破坏，并能锁闭且开启方便。尺寸和形式应根据测压管水位的测读方式而定。造孔宜采用150型地质钻机钻进。施工中，孔位与设计孔位的偏差值不得大于10 cm，孔深应符合设计规定。土层钻孔时采用干钻，基岩、砂层、砂卵石层或混凝土造孔时采用清水钻进，严禁用泥浆固壁，造孔过程中为了防止塌孔采用套管护壁。造孔完成后应测量孔深、孔斜并绘制钻孔柱状图。

测压管的制作应严格按照规范、规程要求，制作加工好的测压管及其各部件均应加以编号，分别放置，以便于对号安装、埋设。

测压管埋设前，应对钻孔深度、孔底高程、孔内水位、有无塌方以及测压管加工质量、各管段长度、接头、管帽等情况进行全面检查并做好记录。下管过程中必须连续严密，吊系牢固，保持管身顺直，就位后应立即测量管底高程和管水位。

封孔材料采用黏土球或水泥砂浆，凡不需要监测渗漏的孔段应严密封闭。测压管安装封孔完毕后进行检查验收，合格后安装管口保护装置。

施工过程中应严格遵守《大坝安全监测系统验收规范》（GB/T 22385—2008）、《大坝安全监测仪器安装标准》（SL 531—2012）等相关规范、规程要求。

2）仪器设备钻孔

钻孔孔位应根据设计点位测量中心线、腰线及孔位轮廓线确定。

钻机安装应平整稳固，开孔孔位与设计位置的偏差不得大于50 mm。因故变更孔位应征得监理人同意，并记录实际孔位。

钻孔时必须保证孔向准确。在钻孔过程中，所有钻孔应进行孔斜测量，并采取措施控制孔斜，如发现钻孔偏斜超过规定，应及时纠偏，或采取其他补救措施。纠偏无效时，原孔报废，重新钻孔。

钻孔孔深最大误差不得超过图纸要求，并要求孔壁光滑。若孔口段需要扩孔，要求扩孔段与垂直孔、水平孔或倾斜孔同心。

钻孔结束并检查合格，经监理人签认后，方可进行下一步操作。

3）钻孔取芯或钻孔电视

芯样的最大长度应限制在3 m以内，一旦发现芯样卡钻或被磨损，应立即取出。除监理人另有指示外，对于1 m或大于1 m的钻进循环，若芯样获得率小于80%，则下一次应减少循环深度50%，以后依次减少50%，直至50 cm为止。如果芯样的取芯率很低，应更换钻孔机具或改进钻进方法。

在钻孔过程中，应对钻孔冲洗水压、钻孔压力、芯样长度等进行记录，并提交监理人。

如现场施工条件所限或工程进度需要，经监理人批准方可采用钻孔电视替代钻孔取芯，并提供钻孔柱状图，以了解孔内地质情况，确定仪器测点位置。如果监测锚索孔有相应要求，也需采用钻孔电视进行孔内摄像，并提供钻孔电视摄像、钻孔柱状图。

4）钻孔冲洗

钻孔工作结束、监测仪器埋设前，用压力水进行冲洗，将孔内的泥沙冲洗干净，直到回水变清10 min后结束。对不宜采用压力水冲洗的不良地质孔段，应考虑其他措施清孔。

仪器埋设前,应向钻孔内送入压缩空气,尽量将钻孔内积水排出。

5)钻孔回填

钻孔回填材料应根据施工图纸的要求和监理人的指示采用膨润土球、中粗净砂、砾石等。

6)测压管制作

测压管用金属管加工,包括花管和导管两部分,内径ϕ50 mm。透水孔孔径ϕ4~6 mm,面积开孔率为18%~20%,排列均匀,内壁无刺。

7)测压管安装

埋设前必须对测压管进行细致的检查。进水管段内壁及各接头处,由于钻眼和锯割形成的毛刺应予打光。导管和进水管的构造尺寸及质量必须合乎设计要求。检查后做出记录。

钻孔应达到需要深度,一般较设计测压管底高程稍深,以免因局部坍塌而影响测压管埋设高程,经检查合格后,即可将已经准备好的测压管逐段放入钻孔,并以管箍连接牢固。连接时,需要在管子全长内保持顺直。导管全部放入钻孔后,应再次校验测压管底高程。

管底高程检查合格后,根据周围坝体的土质情况,回填反滤料,反滤料应符合级配和层间关系的要求,并逐层夯实。套管应随回填反滤料逐段拔出,导管上部2 m左右回填膨胀泥球,以防止雨水混入。

8)注水试验

测压管埋设完毕后,要及时做注水试验,检查灵敏度是否符合要求。试验前,先测定管中水位,然后向管中注入清水。在一般情况下,土料中的测压管注入相当于测压管3~5 m,体积的水,测得注水面高程后,再经过5 min、10 min、15 min、20 min、30 min、60 min后各测量水位一次,以后时间可适当延长,测至将到原水位时为止。记录测量结果,并绘制水位下降过程线作为原始资料。

对于黏壤土,测压管内水位如果5昼夜内降到原来水位,认为是合格的;对于灵敏度不合格的测压管,在分析观测资料时应考虑到这一因素,必要时,应在该孔附近另设测压管。

4.2.1.5　大坝坝体表面变形监测系统

水库大坝坝体表面变形是影响设施安全的关键因素,实现对大坝坝体表面变形的垂直位移、水平位移等变形参数的监测与分析,是水库运行安全监测不可缺少的关键内容,亦是衡量水利设施安全的重要指标。本平台将人工测量点和自动化监测点用混凝土改装成一个监测点,实现整体统一、人工检测和自动化检测定期比对,进一步提高大坝安全管理水平。

1. 北斗卫星定位系统

(1)利用国家北斗卫星定位技术,实现水库大坝、河道堤坝的位移实时监测。

(2)可以同时测量水平位移和垂直位移,传统的技术手段测量水平位移和垂直位移需要两套系统。

(3)相对于人工观测的优势:可以实现24 h实时观测,对于达到变形预警的大坝、河道堤坝实现提前预警,可以最大程度上避免或减少灾难到来时的人员伤亡和国家及人民的财产损失。传统的人工观测,一般一年两次,只能分析大坝长年累月的变化趋势,不能实现灾害预警。

(4)可以实现水库大坝、河堤同断面位移(水平和垂直)、渗压同时分析,根据实际情况形成预警模型,为管理单位提供决策依据,科学分析大坝、河堤的安全状况,真正意义上发挥监测的经济效益和社会效益。

(5)新的一体化监测立柱可以有效提高外业监测电子设备的使用年限,外形美观且防盗。

(6)自动生成大坝、堤坝安全分析报告,直观明了,通俗易懂,让普通管理人员都能很明白地对堤坝安全情况进行分析和掌握;数据准确可靠,系统成熟稳定,操作简单易懂,预警及时有效,平台先进实用。

2. 大坝表面位移监测方法

目前水库大坝表面水平位移监测的监测方法有激光测距仪、全站仪和全球卫星导航系统(GNSS)等多种方法,各种方法优缺点对比见表 4-5。

表 4-5 变形监测方法优缺点

编号	表面位移监测方法	方法简介	优点	缺点
1	激光测距仪	是利用调制激光的某个参数实现对目标的距离测量的仪器。激光测距仪测量范围为 3.5 ~ 5 000 m	激光测距仪重量轻、体积小、操作简单、速度快而准确,其误差仅为其他光学测距仪的五分之一到数百分之一	更加适合大范围的位移监测,不大适合大坝形变位移监测
2	全站仪	即全站型电子测距仪,是一种集光、机、电为一体的高技术测量仪器,是集水平角、垂直角、距离(斜距、平距)、高差测量功能于一体的测绘仪器系统	广泛用于地上大型建筑和地下隧道施工等精密工程测量或变形监测领域	非全自动测量,需要人工操作仪器,智能化不足
3	全球卫星导航系统(GNSS)	GNSS 监测系统主要包括天线、接收机、通信系统及相关解算、坐标转换、分析处理软件等。除在飞行器导航方面成功应用外,还在大地测量、精密工程测量、地壳形变监测等领域得到成功应用	GNSS 具有速度快、精度高、全天候等优点,不但可以自动化采集数据,而且可以将 GNSS 信号传输到控制中心,实现数据自动化传输,定位精度高,观测时间短	

根据各种方法的建设成本及应用环境,结合水库大坝的实际情况,采用 GNSS 监测方法。

GNSS(全球卫星导航系统)监测系统主要由空间部分(人造地球卫星)、地面监控部分(分布在地球赤道上的若干个卫星监控站、注入站和主控站)和用户部分(用于接收卫星信号的设备)三部分组成。GNSS 用于形变监测,监测的区域一般不是很大,但变形监测点布设比较密集。当 GNSS 用于大坝形变监测或滑坡监测时,往往是对一定范围内具有代表性的区域建立变形观测点,在远方距离监测点合适的位置(如稳固的基岩上)建立基准点。在基准点架设 GNSS 接收机,根据其高精度的已知的三维坐标,经过几期观测从而得到变形点坐标(或者基线)的变化量。根据观测点的形变量,建立安全监测模型,从而分析滑坡、大坝等的变形规律并实现及时的反馈。

GNSS 技术具有全天候作业的特点,不但可以自动化采集数据,而且可以将 GNSS 信号传输到控制中心,实现数据自动化传输,通过观测整体的微小变形量,构造统计分析模型,预测变形体长期的变化趋势,为以后的分析决策提供依据。总体来说,GNSS 的优点主要体现在以下三个方面:

(1)定位精度高:应用实践已经证明,GNSS 相对定位精度在 50 km 以内可达 10^{-6},100~500 km 可达 10^{-7},1 000 km 可达 10^{-9}。在 300~1 500 m 工程精密定位中,平面位置误差小于 1 mm,与 ME-5000 电磁波测距仪测定的边长比较,其边长校差最大为 0.5 mm,校差中误差为 0.3 mm。

(2)观测时间短:随着 GNSS 系统的不断完善,软件的不断更新,目前 20 km 以内相对静态定位,仅需 15~20 min;快速静态相对定位测量时,当每个流动站与基准站相距在 15 km 内时,流动站观测时间只需 1~2 min,然后可随时定位,每站观测只需几秒钟。

(3)全天候实时观测:目前的 GNSS 监测系统可以通过设置进行自动化数据采集,进行 24 h 全天候作业。

1)GNSS 法变形监测

a. 监测设置规定

(1)GNSS 法适用于地势开阔、监测工程特定部位的永久性持续监测。

(2)固定基准站不宜少于两座。

(3)固定基准站及监测点上部对空条件良好,高度角 15°以上范围无障碍物遮挡,应远离大功率无线电信号干扰源(如高压线、无线电发射站、电视台、微波站等),且附近无 GNSS 信号反射物。

(4)监测项目的数据通信宜采用无线电传输技术。

(5)对永久性 GPS 监测设施均应采取必要的防护措施,避免破坏。

b. 监测方法与要求

(1)GNSS 接收机类型可选用双频或单频。

(2)GNSS 接收机天线的水准器应严格居中,天线定向标志线指向正北,天线相位中心高度应量取 2 次,两次校差不应大于 1 mm。

(3)采用 GNSS 静态监测方式时,监测前应做好星历预报,以选择最佳监测时机。

(4)GNSS 监测基本技术要求见表 4-6。

表 4-6　GNSS 监测基本技术要求

卫星截止高度角/(°)	同步有效监测卫星数	卫星分布象限数	采样间隔/s
≥15	≥5	≥3	≥15

2）垂直位移监测

水准测量应符合以下规定：

（1）应依据水准基点和水准工作基点所处位置，拟定垂直位移监测点的水准观测线路，每期监测的水准路线应保持一致。

（2）垂直位移监测点宜采用附合、闭合或节点水准监测图形，在提高监测点精度的同时应增强成果的可靠性。

（3）使用的水准仪标称精度应满足二等水准及以上等级水准监测要求。

（4）各等级水准监测的技术指标及限差按 GB/T 12897 和 GB/T 12898 相应规定执行。

三角高程测量应符合以下规定：

（1）全站仪标称精度应满足：测角精度 1″。

（2）垂直角中丝法 6 测回监测，测回间垂直角较差应不大于 6″。

（3）测距边长度宜控制在 500 m 以内，测距中误差不应超过 3 mm。

（4）仪器高和标高量测应精确至 0.1 mm。

（5）宜采用双测站监测，监测时应测量温度、气压，计算时加入相应改正。

3. 大坝表面位移监测设备选型

许家崖水库根据大坝的长度、分布等现状，在主坝、三座副坝、溢洪道和三处放水洞部署位移监测点，结合大坝所处的地形情况，选择利用 GNSS 接收机设备进行大坝的位移监测。

建设可靠、高速的数据传输网络，实现各测站数据与中心的实时传输。

许家崖水库大坝安全监测设施改造提升项目采用太阳能供电，光纤接入现有主网络的方式进行数据通信传输。位移监测点的数量一共是 18 个。

总体来说 GNSS 在变形监测中具有以下特点：

（1）测站间无须通视。对于传统的地表变形监测方法，点之间只有通视才能进行观测，GNSS 测量的一个显著特点就是点之间无须保持通视，只需测站上空开阔即可，从而可使变形监测点位的布设方便而灵活，并可省去不必要的中间传递过渡点，节省许多费用。

（2）可同时提供监测点的三维位移信息。采用传统方法进行变形监测时，平面位移和垂直位移是采用不同方法分别进行监测的，这样不仅监测的周期长、工作量大，而且监测的时间和点位很难保持一致，为变形分析增加了难度。采用 GNSS 可同时精确测定监测点的三维位移信息。

（3）全天候监测。GNSS 测量不受气候条件的限制，起雾、刮风、下雨、下雪均可进行正常的监测。配备防雷电设施后，GNSS 变形监测系统便可实现长期的全天候观测，它对防汛抗洪及滑坡、泥石流等地质灾害监测都极为重要。

(4)监测精度高。GNSS 可以提供 $1×10^{-6}$ 甚至更高的相对定位精度。在变形监测中,如果 GNSS 接收机天线保持固定不动,则天线的对中误差、整平误差、定向误差等不会影响变形监测的结果。同样,GNSS 数据处理时起始坐标的误差、解算软件本身的不完善以及卫星信号的传播误差(电离层延迟、对流层延迟、多路径误差)中的公共部分的影响也可以得到消除或削弱。实践证明,利用 GNSS 进行变形监测可获得±2.5 mm 的精度。

(5)操作简便,易于实现监测自动化。GNSS 接收机的自动化已越来越高,趋于"傻瓜",而且体积越来越小,重量越来越轻,便于安置和操作。同时,GNSS 接收机为用户预留有必要的接口,用户可以较为方便地利用各监测点建成无人值守的自动监测系统,实现从数据采集、传输、处理、分析、报警到入库的全自动化。

(6)GNSS 大地高用于垂直位移测量。由于 GNSS 定位获得的是大地高,而用户需要的是正常高或正高,它们之间有以下关系:

$$h_{正常高} = H_{大地高} - 高程异常$$
$$h_{正高} = H_{大地高} - 大地水准面差距$$

由于高程异常和大地水准面差距的确定精度较低,从而导致了转换后的正常高或正高的精度不高。但是,在垂直位移监测中,我们关心的只是高程的变化,对于工程的局部范围而言,完全可以用大地高的变化来进行垂直位移监测。

在具体的工程实例中,国内最早的利用 GNSS 技术监测大坝变形的是原武汉测绘科技大学开发研制的清江隔河岩大坝变形监测系统,该系统主要由 5 个坝体监测点和两岸 2 个基准点组成。据报道,清江隔河岩大坝的 GNSS 自动化监测系统所监测的测点精度已达水平分量 1.0 mm,垂直分量 1.5 mm,在 1998 年长江流域特大洪水期间,隔河岩水库超量拦洪,减轻了中下游的防汛抗洪压力并避免了荆江分洪,产生了巨大的经济效益和社会效益。我国也在小浪底等工程成功进行了 GNSS 大坝变形监测的试验工作;另外,为利用 GNSS 进行龙江水电站的变形监测,相关工作人员通过精度校验工作证明,GNSS 监测系统在 12 h 或更长时间的数据处理后,可以实时持续稳定地监测水平 1 mm、垂直 2 mm 的位移变化。

根据上述分析及许家崖水库大坝的实际情况,水库大坝新建变形监测点设备全部使用 GNSS 监测,确定水库监测系统今后观测以 GNSS 监测系统为主,实施自动化观测。为满足水库达标建设要求,在建立 GNSS 监测系统的同时,在部分可实现全站仪监测的断面,使用高精度全站仪进行定期人工监测,获取 GNSS 监测数据的冗余观测,建立人工观测数据档案。通过对两种监测方式获取的数据进行对比与融合,提高坝体表面位移的监测精度。

4. 大坝坝体表面变形监测网布置

1)水平位移监测网布置

水平位移监测网由基准点、工作基点及其他网点构成,可采用三角网、GPS 网、精密导线等的建网方式,也可将水平位移、垂直位移监测联合建立三维网。大坝位移监测基准网需半年复测一次,当对变形监测成果产生怀疑时,应随时检核监测基准网。

基准站建立目的是长期连续跟踪观测卫星信号,并实时为各测点提供高精度的载波相位差分数据及起算坐标。基准站需定期复核,以减小测量误差。

基准站选择要求如下:在大坝变形影响范围之外,基础稳固;远离大功率无线电发射源(如电视台、电台、微波站等)和高压输电线及微波无线电传送通道,其距离不小于200 m;接收卫星情况良好,多路径效应不明显(如强反射面、高大建筑物等),原则上能接收所有监测点接收到的卫星信号;接收信号以 GNSS 卫星为主。

基准点应选择在工程影响以外区域,一般布置在土石坝下游地质条件良好、基础稳固、能长久保存的位置,GNSS 基准站不应少于 2 座,基点应选择在靠近工程区、基础相对稳定、方便监测的位置,其数量及分布应满足监测点对监测控制的需要。

GNSS 基准站建设还应满足以下条件:

(1)基站应有 10°以上的地平高度角卫星通视条件。

(2)远离电磁干扰区(微波站、无线电发射台、高压线穿越地带等)和雷击区,其距离不小于 200 m。

(3)避开大坝主干道、人流较多的通道等易产生振动的地点。

(4)基准站应避开地质构造不稳定区域。如断层破碎带,易于发生滑坡、沉陷等局部变形的地点 ,易受水淹或地下水位变化较大的地点等。

(5)具有稳定、安全可靠的电源。

(6)选点位置尽量靠近坝体,利于与监测点以"短基线"进行解算。

依据拟定的监测方法,对基准点、工作基点及其他网点组成的水平位移监测网,按构成图形进行精度估计和可靠性、灵敏度指标分析,确定监测网监测方案。

经优化设计按最小二乘法精度估算的最弱工作基点的点位中误差不应大于±2 mm,为保证其监测成果的可靠性,网的多余监测分量不应小于 0.3。

水平基准点平面采用 GNSS 静态测量方法,独立布网,联测高等级 CORS 网点,观测等级为《工程测量标准》(GB 50026—2020)中的二级。

2)垂直位移监测网布置

(1)垂直位移监测网由水准基点和水准工作基点组成,宜布设由闭合环或者附合环构成的节点网,采用几何水准法监测。

(2)水准基点应选择在土石坝下游不受工程变形影响的稳定区域,设置数量要求不少于 3 座;每一独立监测部位均应设置 1~2 座水准工作基点,并将其全部纳入垂直位移监测网。

(3)依据水准基点和水准工作基点位置拟定垂直位移监测路线及图形,通过精度估计,确定水准测量的仪器设备及施测等级,要求最弱水准工作基点相对于邻近水准基点的高程中误差不应大于±4 mm。

(4)基准点高程采用二等水准测量规范要求,联测国家 Ⅱ 等水准点,通过往返测获得,测量限差和要求按照《国家一、二等水准测量规范》(GB/T 12897—2006)要求执行。

3)坝体表面变形监测布点的基本要求

监测站选择要求如下:设立在能反映监测体变形特征的位置或者断面上。同时监测站交通方便,利于供电及维护;尽量选开阔、平敞的场地;避开雷击区。

(1)表面变形监测点宜采用断面形式布置。断面分为垂直坝轴线方向的横向断面和平行坝轴向的纵断面。

（2）表面变形的横向监测断面通常选在最大坝高处、合龙处、地形突变处、地质条件复杂处以及坝内埋管或可能异常处，一般不少于 3 个。

（3）高坝坡每个横向监测断面一般不少于 2 个标点，通常在上游坝坡正常蓄水位以上 1 个，正常蓄水位以下可根据需要设临时测点，坝顶下游坝肩布置 1 个，下游坝坡 1/2 坝高以上布置 1~3 个，1/2 坝高以下布置 1~2 个。

（4）测点在坝轴线方向上的间距，一般坝长小于 300 m 时，宜取 20~50 m；坝长大于 300 m 时，宜取 50~100 m。表面垂直位移及水平位移变形一般共用一个监测墩。

（5）对 V 形河谷中的高坝和坝基地形变化陡峻段，靠近两岸部位的纵向测点应适当加密。

本方案根据以上规范要求，结合水库大坝实际情况布设断面。

5. GNSS 自动化坝体表面变形监测系统建设方案

1）系统设计

a. 基准站

基准站建立目的是长期连续跟踪监测卫星信号，并实时为各测点提供高精度的载波相位差分数据及起算坐标。基准站需定期复核，以减小测量误差。

基准站选择要求如下：

（1）在大坝变形影响范围之外，基础稳固。

（2）远离大功率无线电发射源（如电视台、电台、微波站等）和高压输电线及微波无线电传送通道，其距离不小于 200 m。

（3）接收卫星情况良好，多路径效应不明显（如强反射面、高大建筑物等），原则上能接收所有监测点接收到的卫星信号。

（4）接收信号以卫星发射信号为主。

b. 监测站

监测站选择要求如下：

（1）数据采集中心宜在基准站和监测站断面中心位置。

（2）交通方便，利于供电及维护。

（3）尽量选开阔、平敞的场地。

（4）尽量避开雷击区。

c. 系统组网、通信

GNSS 监测系统网络采用以太网的星形结构，基准站、监测点采用无线通信方式。

d. 系统防雷与接地要求

由于 GNSS 系统均处于室外，因此其防雷与接地尤显重要，主要从防直接雷和感应雷两个方面进行设计。系统除直接利用工程的防雷和接地设施外，还应满足如下要求：

（1）GNSS 设备的直击雷防护，应设置避雷针和接地系统，接地电阻小于 20 Ω。

（2）GNSS 设备的感应雷防护，应设置天线馈线和电源线的感应避雷器，避雷器必须接地良好，接地电阻小于 20 Ω。

（3）各测点与大坝接地网相连，基准站附近如就近无接地网可用，需单独设置接地网。

(4)避雷针针尖高度应高过 GNSS 天线 2.5 m 以上。

(5)接地网采用角钢和扁铁制作,接地极埋地深度大于 1 m,引下线应该采取必要的防腐和绝缘措施,并且距离 GNSS 设备和电缆 30 cm 以上;避雷针基座成网形布置,并与接地网焊接。

本次方案建设采用电解离子接地极,即铜包钢紫铜防雷接地铜棒,防腐离子接地极能够通过顶部的呼吸孔吸收空气和土中的水分,使接地极中的化合物潮解产生电解离子释放到周围的土壤中,将土壤的电阻率降至最低,从而使接地系统的导电性保持较高的水平。这样故障电流就能轻易地扩散到土中,改变了传统接地系统被动的散流方式。电极周围包裹的回填料具有良好的膨胀性、吸水性和离子渗透性,这样既确保电极与土壤始终能紧密地接触,降低接触电阻,又能有效保持电极周围的温度,增加电解离子的辅助导电作用,使接地系统能维持稳定的效果,并且无腐蚀性,对周围环境不会造成污染。

防腐离子接地极的优点如下:

(1)装置自动调节功能强,不断向电极周围土壤补充导电离子,改善周围土壤电阻率。

(2)电极单元采用耐腐蚀的合金材料,回填料采用具防腐性能和耐高压冲击的化学材料为辅料,可大大延长其使用寿命。

(3)回填料以吸水性强、吸附力强和离子交换能力强的物理化学物质为主体材料,完成电极单元与周围土壤的紧密结合,且可降低周围土壤电阻率,有效增强了雷电导通释放能力。

(4)回填料能与接地极和周围土壤充分接触,大大降低接触电阻,且流动性和渗透性好,增大与土壤的接触面积,从而增大泄流面积。

(5)由于电解离子接地极电极单元采用低磁导率材料,抗直击雷感应脉冲袭击强,防雷电二次效应。

2)GNSS 表面变形监测系统构成

a. GNSS 基准站技术参数要求

(1)全星座五星十六频。

(2)750 通道及以上卫星通道(提供省级及以上第三方权威检测机构出具的检测报告,检测报告上具有 CMA 或 CNAS 认证章)。

(3)BDS(北斗):同步 B1I、B2I、B3I、B1C、B2A。

GPS:同步 L1C/A、L2C、L2E、L5。

GLONASS:同步 L1、L2、L3。

SBAS:同步 WAAS、EGNOS、MSAS。

GALILEO:同步 E1、E5、E7。

(4)定位精度:平面为 $\pm(2.5+0.5\times10^{-6})$ mm,高程为 $\pm(3+0.5\times10^{-6})$ mm(提供第三方检测机构出具的检测报告)。

(5)高集成:GNSS 板卡、mems 传感器及 NB 模组均内置集成在一体化设备 PCB 中,实现主机高度一体化(提供第三方检测机构出具的检测报告,检测报告上具有 CMA 或

CNAS 认证章）。

（6）性能优化：MTBF 大于 60 000 h；功率小于 2 W（提供第三方检测机构出具的检测报告，检测报告上具有 CMA 或 CNAS 认证章）。

（7）具备心跳探针功能，网络信号不好的区域，可以设置自动重启时间（提供第三方检测机构出具的检测报告，检测报告上具有 CMA 或 CNAS 认证章）。

①初始化时间：小于 60 s。

②初始化可靠性：一般大于 99.9%。

③数据格式：通过 RJ45 串口、4G、Wi-Fi、蓝牙通信方式选择输出的数据类型和数据格式，数据格式满足星历数据、NMEA0183、RTCMSC104、SIC、OPENSIC 数据流要求，且输出间隔可以更改；支持输出原始观测数据、SIC 观测数据、差分修正数据、RINEX 2.0\3.0X、RTCMM3.0X 输出方式。

④数据传输：可通过网口、串口、4G 输出，并自定义每条数据流输出间隔，输出间隔应包括 1 s、5 s、10 s、15 s、30 s。

⑤存储格式：支持 RINEX2.0X、RINEX3.0X 自由切换，支持 8 通道独立存储。

⑥内存：8 G 高速内存（最大支持 64 G），采用 eMMC 存储，稳定可靠。支持外接 USB 存储器，最大支持 1 TB。

⑦定位输出：0~50 Hz。

⑧防护等级为 IP68，抗 1.2 m 自由跌落。

⑨工作环境：温度为-40~85 ℃；相对湿度为 10%~100%（非凝结）。

⑩自动重启：断电后内置电池至少可以工作 24 h。断电恢复后会自动开机按原设置继续工作，无需人工干预。

b. GNSS 天线

削弱多路径影响；天线低仰角增益高，对低仰角卫星跟踪能力强，保证系统可用卫星数目足够多。

支持多星技术：支持 BDS（B1/B2/B3）、GPS（L1/L2/L5）、GLONASS（L1/L2/L3）、GALILEO（E1/E5a/E5b）频段的扼流圈测量天线，满足目前测量设备高精度、多系统兼容的需求。

天线相位中心稳定性：≤1.0 mm。

阻抗：50 Ω。

驻波比：≤1.5∶1。

增益：50 dB±2 dB。

噪声：≤2 dB。

极化方式：右旋圆极化。

工作电压：DC 3~18 V。

工作电流：≤60 mA。

连接器：TNC。

工作温度：-45~+85 ℃。

储存温度：-55~+85 ℃。

c. 供电系统

监测站及通信网关设备均采用太阳能及后备锂电池供电系统,满足设备自身运行需要。

太阳能供电系统包括太阳能电池板、电池、太阳能控制器及其他配件,对于太阳能电池板功率、电池容量,需要根据当地气象局给出的标准天气情况具体确定。太阳能供电时,需根据当地的日照时间、最长阴雨天气来配置太阳能电池板大小及电池容量,确保蓄电池能够持续给设备供电。电池板制作安装支架,朝向正南,倾角在 20°～45°,根据当地太阳高度角来确定。注意不要有任何遮挡,否则无法充电,视情况定期清洁太阳能板。太阳能板接线要牢固,裸露在外面的线要穿管,推荐 PVC 管,可以弯折走线,美观而且耐用。蓄电池正负极不要短接,用地埋箱安装,接口处做好防水处理,用防水胶带裹一层,再用绝缘胶带绑扎好。

d. 数据传输系统

为保证数据传输的稳定性和独立性,减少特殊天气环境下系统对公共通信系统的依赖性,将监测数据可靠地传输至数据中心,最大限度地满足水库运行管理的需要,各基点及监测点与数据管理中心之间采用无线传输方案,监测点与数据管理中心通过通信管理网关实现跨网安全传输,最大程度降低施工难度,提升后期维护的水平。

利用通信技术,将分布式多点位的监测点组成"无线局域网",并通过"物联网"将监测信息传输到数据库进行存储、数据分析、发布。网关有强大的网络转换管理能力,实现网络跨网传输,可同时支持物联网、全网通、3G、4G、5G 等网络,为客户的项目建设提供更多选择。

支持多数据中心备份传输及多数据中心同步传输,可适用快速或较大规模的信息传输。

发射功率:<30 dBm。

灵敏度:<-140 dBm。

通信接口:通信 2 个、串行通信 3 个[RS232(RS485)]、RJ45 网口,内置 15 kV ESD 保护。

电源接口:端子接口,内置电源反相保护和过压保护。

供电范围:DC 5～36 V。

e. 监测系统软件

(1)GNSS 系统基线解算软件:基线解算结果应满足《全球定位系统(GPS)测量规范》(GB/T 18314—2009)中相关要求,可自动 GNSS 输出 RENIX 标准格式的基线数据。

(2)GNSS 系统监控和分析软件包括通信、网络管理、数据采集传输、基线网平差、坐标转换、数据分析和曲线/报表输出等功能。

(3)软件自身具备 GPS、GLONASS 和 BDS 数据的联合处理能力,并具备 BDS 系统解算能力。

f. 监测系统辅助设备

（1）设备供电柜为不锈钢柜,外刷防水涂料,防水、防尘、防盗,具体规格根据设备大小进行调整。

（2）电源适配器与 GNSS 接收机供电电源配套。

（3）天线馈线避雷器与 GNSS 天线和馈线电缆配套。

（4）电源避雷器与 GNSS 监测系统供电电源配套。

（5）馈线电缆与 GNSS 天线配套。

（6）保护罩为半密闭金属保护罩,防偷防盗。

g. GNSS 自动坝体表面变形监测系统周期

GNSS 自动坝体表面变形监测系统可以做到实时监测大坝的位移状况,但由于实时运算计算量大,在实际运行中,可根据实际情况制订监测周期,通过加长观测时间和增加监测数据提高观测精度,以满足实际需要。

h. 系统防雷与接地设计

由于监测基点和监测点均处于室外,因此其防雷与接地尤显重要。系统除直接利用工程的防雷和接地设施外,还应满足监测设备的感应雷防护、应设置天线馈线和电源线的感应避雷器、避雷器必须接地良好等要求。

4.2.2　水位监测系统

许家崖水库目前没有自动化水位测量设备,故新增一套浮子式水位监测系统,实时精准测量水库水位,提升水库管理精准度。

4.2.2.1　工作原理

浮子式水位传感器是集机、电技术于一体的数字化传感器。通过输出轴的角度位移量转换成相应的数字量,可以高精度测量被测液位高度,能确认绝对位置。

水位传感器测轮安装在编码器输入轴上,钢丝绳一端连接浮子,另一端连接重锤,钢丝绳绕在测轮上。当液位发生变化时,浮子随液位的变化而升降,钢丝绳带动测轮转动,编码器输出相应的实时水位值。

4.2.2.2　安装示意图

浮子式水位计安装示意图见图 4-4。

4.2.2.3　设备先进性与适用性

（1）与超声波、投入式、雷达等其他水位计相比,浮子式水位计结构简单可靠,不存在环境的干扰,比如雾天、水面漂浮物、飞鸟等。

（2）与人工观测水尺、自记式水位计等传统方法相比,浮子式水位监测系统更是具有数据的实时性强、智能接口输出,可通过 RTU、DTU、光纤等方式传输,方便组网等人工观测水尺和自记水位计无法比拟的优点。

（3）传感器结构合理,抗干扰能力强,分辨率高,量程大,寿命长,有掉电后信号跟踪记忆功能。它能够长期用于液位测量并能保证性能的稳定可靠。广泛用于对江河湖泊、水库、船闸、水电站、水文站、水厂及石油化工等地表水或地下水的水位测量。

（4）监测量程适用性说明:浮子式水位计的量程最大可测量 40 m 水位变幅,也可根

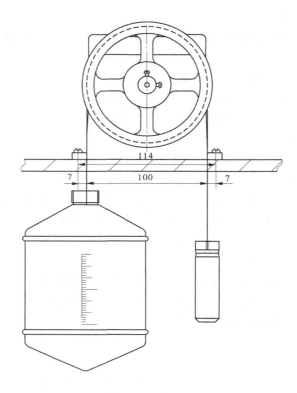

图 4-4　浮子式水位计安装示意图 （单位：mm）

据实际需要选用 10 m、20 m、40 m 等多种规格。

4.2.3　视频监控系统

4.2.3.1　建设内容

视频监控系统主要通过设置在各监测点的前端摄像机，对许家崖水库的重要水面区域进行远程监视，为远程控制提供视频信息依据。

结合本工程特点和原有视频监控设备，增设 7 个视频点，监视对象主要是大坝安全监测设施和流域区域，温凉河、辛庄河入库处及库区两座桥。

4.2.3.2　系统结构

本系统主要由视频监视前端设备、视频数据传输网络、视频数据存储设备、视频监控显示设备 4 部分组成。

1. 前端设备

前端设备设置 8 个枪机、7 台高清数字球机(见表 4-7)。

表 4-7　视频点位表

序号	摄像机类型	摄像机数量/个	监视范围	供电方式
1	枪机	8	坝体安全监测设备	利用大坝现有电力设施,从桥头堡或者闸门控制室布设电缆供电
2	球机	7	温凉河、辛庄河入库处及库区两座桥	

2.传输网络

11 处视频监控采用原有光纤传输视频信号,采用视频交换机进行数据交换;4 处视频监控采用数据专线传输到数据中心机房。

3.存储设备

本工程在许家崖水库机房设置 1 台 16 路 NVR 设备及 4 块 4 T 硬盘,存储时间不少于 30 d。

4.显示设备

视频显示设备依托于许家崖水库控制中心现有工作站和大屏显示系统。

4.2.3.3　系统功能

1.夜视功能

摄像机具有红外功能,保证在夜间也能监视到重要区域的状况。

2.自动扫描功能

水闸上、下游及启闭机房内部摄像机能够根据预设的方向和位置自动扫描,保证全方位查看整个需要监控的区域状况。

3.录像/保存功能

保证视频能够实时播放的同时,存储不少于 30 d 的视频原始数据记录,以备查看。

4.网络化监控功能

监控采集点和监控平台通过专用网络连接,满足任何时间、任何地点的远程监控需求。

5.数字化存储功能

根据预先设定的存储时间,不间断地存储图像和相关数据,方便进行历史信息查询,为突发事件提供确切证据。

6.远程图像实时调度

远程监控台通过单画面或多画面功能总览全局,实时控制监控系统的开启、信息的存储和查询。

4.3 运行保障环境

许家崖水库现有基础软、硬件环境尚不完善,控制中心和机房共用一个房间,噪声大,亟须建设系统配套软、硬件及会商中心等基础设施,为水库的信息化建设提供安全、稳定的基础运行保障环境。

4.3.1 机房装修处理

4.3.1.1 机房室内装修

室内装修设计选用材料的防火性能应符合现行国家标准《建筑内部装修设计防火规范》(GB 50222—2017)的有关规定,耐火等级为 A 级或 B1 级,环保要求 E0 级,气密性好、不起尘、易清洁、在温度和湿度变化作用下变形小,整体效果达到简明、淡雅、柔和,有利于工作人员的自身健康。

机房墙体按打洞(安装空调铜管、水管和光缆、各种走线等)位置,墙面做防水处理,高度 1 m,均刷防水层 2 遍。整个墙面刷 3 次墙漆,做简单防水处理(包括地面、墙面、顶面),质量保证不起皮,平面平整,无裂纹和空鼓现象。

机房入户门后单独划分出一块 2 m×1.5 m 的玻璃隔断区,单开玻璃防火门,均采用国产 12 mm 钢化防火玻璃,并安装刷卡控制门禁系统。具体材质及尺寸以现场为准。

机房内的顶面做防尘、防静电、保温处理;采用 600 mm×600 mm×0.8 mm(长×宽×厚)国产知名品牌机房专用直排孔铝合金微孔板吊顶。

对于精密空调、UPS 电池柜、电源柜等沉重设备的放置地,做分散承重处理(制作承重散力架),要求承重架与防静电地板齐高,采用槽钢双层工艺加三层防锈漆,满足机房承重要求。

为满足机房防水的要求,在机房内设计排水管道和防鼠单向地漏装置。机房内防静电地板需做等电位体,整个地板支架通过导线连成一个金属整体,并与主接地极良好连接。

装修整体效果说明:机房装修设计充分考虑室内环境的美观、和谐、环保,能体现装修主体的特色并与之协调,装饰选用的材料必须全部符合国际标准或国内优质标准。所有材料应具备环保、阻燃、无毒、防火性能好、安全耐用、不易变形、美观不变色,不起尘、易清洁、吸音效果好,防静电、抗电磁干扰等性能。

1. 地面装修

地面装修设计在原有地面基础上进行。

机房地板采用架空措施,地板都采用抗静电活动地板。

在距地面 300 mm 左右(以通风和消防最终的设计测算为准)的高度敷设静电地板。机房整个区域(包括玻璃隔断内外)使用 600 mm×600 mm×30 mm 全钢抗静电地板,采用 HPL 贴面,贴面厚度为 1 mm,钢板厚度为 8 mm,地板架设高度为 300 mm,安装做到整齐无缝,无起伏,颜色(具体颜色根据建设情况选择确定)淡雅、柔和、不打滑、耐污染。为便于地面强电及弱电电缆走桥架,静电地板的摆放标准以 美观和淡雅为准,地面四周应设有等电位连接箱以便于接地电阻测试。

活动地板防静电泄漏干线采用 ZRBV-16 mm²（国标）导线。支线采用 ZRBV-4 mm²（国标）导线，支线导体与地板支腿螺栓紧密连接，支线做成网格状，间隔 1.8 m×1.8 m；不锈钢玻璃隔墙的金属框架同样用防静电泄漏网连接，并且每一连续金属框架的防静电泄漏支线连接点不少于 2 处。

地板各项技术参数均严格符合或超过《防静电活动地板通用规范》（SJ/T 10796—2001）规定的标准。

本机房防静电活动地板，与地面装饰效果相协调。地板完成面标高为 500 mm。地板与墙体交界处用不锈钢踢脚板封边。

机房全区域室内全部采用 600 mm×600 mm×35 mm 全钢抗静电地板铺设，地板的强度为：均匀载荷大于 1 200 kg，集中载荷大于 400 kg，滚动载荷大于 150 kg，弯曲度应小于 2 mm，并无永久变形。抗静电地板下作为各类管线铺设空间。对于精密空调、UPS 电池柜、电源柜等沉重设备的放置地，做分散承重处理，要求承重架与防静电地板齐高，采用槽钢双层工艺加三层防锈漆，满足机房承重要求。

为了避免地面区域因温差产生的楼板结露现象，在机房地面做保温层，铺设厚度为 20 mm。每隔 600 mm 敷设横向和纵向铜带，并在交叉点放置静电地板支架，以做到整个地面没有压差、高可靠性的等电位连接。

活动地板因其具有可拆性，所以对网络的建设、设备的检修及更换都很方便，所有连接电缆都从地板下进入设备，便于设备的布局调整，同时减少了因设备扩充或更新而带来的建筑设施的改造。

2. 顶面装修

本项目吊顶在现有房间顶面基础上进行，刷 3 遍墙漆做简单防水处理，保证墙面不起皮、平面平整、无裂纹和空鼓现象。

架设管线槽架满足机房设备走线需求。

本项目墙面装修在现有房间墙面基础上进行。

根据用户要求和针对计算机系统的不同设备对环境的不同要求，如温度、湿度控制，噪声控制，灰尘控制以及方便机房管理，为了机房内设备的安全，所有机房与外界连接的墙体的缝隙区管线槽接口处均密封，以防止虫、鼠进入机房。

4.3.1.2　防雷接地处理

机房设直流工作地、交流工作地、安全保护地及防雷保护地。根据《建筑物电子信息系统防雷技术规范》（GB 50343—2012）的有关规定，机房计算机专用直流工作地、交流工作地、安全保护地、防雷保护地宜共用一组接地装置，接地装置的接地电阻值必须按接入设备中要求的最小值确定。本项目接地采用建筑物共用接地系统，接地电阻小于 1 Ω。

机房作为一个重要的高精密设备中心，为防止静电产生，做防静电泄漏和等电位处理。在机房静电地板下，用 0.05 mm×50 mm 的铜箔与地板支架紧密相连，用 30 mm×3 mm 的紫铜做成 1 200 mm×1 200 mm 网格，设备就近接地；等电位环形接地铜带（30 mm×3 mm）与机房专用接地可靠连接，机房内所有非带电的金属材料及设备金属外壳均采用 6 mm² 铜导体与地板下 30 mm×3 mm 紫铜做的 1 200 mm×1 200 mm 网格状等电位接地网可靠连接。安装计算机设备的机柜壳体均采用两条 6 mm² 铜导体,与地板下 30 mm×3 mm 紫铜做的 1 200 mm×1 200 mm 网格状等电位接地网可靠连接。接地网汇流于静电接地排,并与安全保护地相连,组成法拉第笼,达到静电泄漏和初级屏蔽效果。

4.3.2　系统配套软硬件——机房软硬件

为了给库区信息化系统的运行提供环境,需配套相关的软硬件。其中,主要包括机房装修机柜、服务器、防火墙、交换机等。

(1)机柜:1 000 mm×600 mm×2 000 mm 服务器机柜 2 台,用于放置服务器与网络设备。

(2)服务器 1 台:桥头堡控制中心替换控制台式机,保证软件系统稳定运行。

(3)操作系统:配置 1 套 Windows Server 2016 标准版。

(4)防火墙。

(5)核心交换机 1 台:水库数据的汇聚交换机。

(6)KVM 1 台:服务器管理设备。

4.3.3　会商中心建设

4.3.3.1　视频会商系统建设

1.建设内容

费县许家崖水库管理中心进行信息化改造提升,在水库办公区安装高清视频会议终端,为实现与水库上级主管部门进行视频会议。

2.设计依据

本系统建设范围内的活动均遵守国家现行的规范与标准,对我国未制定的规范,则参照相应的国际标准执行。主要遵循以下设计依据:

(1)《会议电视系统工程设计规范》(YD/T 5032—2018);

(2)《会议电视系统工程验收规范》(YD/T 5033—2018);

(3)《采用数据链路协议的会议电视远端摄像机控制规程》(GB/T 16858—1997);

(4)《中国公众多媒体通信网技术体制》(YDN 077—1997);

(5)《厅堂扩声系统设计规范》(GB 50371—2006);

(6)《厅堂扩声特性测量方法》(GB/T 4959—2011)。

3.设计原则

根据视频会议发展趋势和国内视频会议现状,本着高效、稳定和经济实用的原则,并保证视频会议技术的领先性,采用国际一流、国内市场占有率第一的品牌。

1)成熟和先进性原则

全网系统结构设计、系统配置、系统管理方式等方面应采用国际先进、成熟、实用的技术。

系统设计时遵循国际标准和国内外有关的规范要求。

系统设计符合计算机、网络通信技术和视频会议技术的最新发展潮流,且是成熟的系统。

2）可靠性原则

系统设计能有效地避免单点故障影响全局系统的运行。

系统具备在规定条件和时间内完成用户所要求的功能的能力，能长期稳定的工作。

结构简单，系统具备冗余备份，可靠性高。

对工作条件和工作环境要求较低。

系统启动快，系统掉电后再通电或网络传输中断后再恢复正常，系统恢复工作迅速。

系统具备各种级别的诊断及故障提示功能，便于诊断、维护。

3）规范性原则

系统设计所采用的技术和设备应符合国际标准、国家标准和业界标准，为系统的扩展升级及与其他系统的互联提供良好的基础。

4）开放性和标准化原则

系统在设计与建设时，采用开放性的设计，允许进行二次开发及其他平台的兼容。

系统设备采用标准接口，便于系统的升级、维护及与其他系统的融合。

5）灵活性原则

能够适应多功能、外向型的要求，讲究便利性和舒适性，达到提高工作效率、节省人力物力和能源的目的；提供符合国际标准的软件、硬件、通信、网络、操作系统和数据管理系统等方面的接口和工具，使系统具有良好的灵活性、兼容性；系统参数配置少，调整少，自动化程度高，使用方便，操作简单。

6）集成性原则

系统高度集成，体积小，重量轻，移动方便，便于连接；在高度集成前提下，具有多种功能，便于相关设备接入；各设备的功能在系统集成后能充分发挥，能一体化协作。

7）可扩充和扩展化原则

系统总体设计和设备选型满足企业应用规模的动态增长需求。如设备容量的扩展、会议范围的扩展等。

项目建设保证系统扩容、技术升级时，能保护现有的设备投资，便于融入新技术发展带来的新功能。

8）可管理性原则

系统设备易于管理、维护、易学、易用，便于进行系统配置。

在设备、安全、性能等方面具备很好的监视和控制、远程管理和诊断故障。

系统的各种功能贴近应用，便于实际常规应用。

9）经济性原则

综合考虑系统本身的价格（包括系统技术服务和培训）、系统运行后经济效益预算的可能收益、对系统实施现场的特殊要求所需的费用、对系统集成所需的有关软件和硬件等的开发费用，以及系统的易扩容。

4. 高清视频会议效果

1）高清音质——22 kHz 立体声

专为"极致高清"系统而设计的音频算法，实现了 22 kHz 的高清音频质量，超越了 CD 音质，结合回音消除技术与高清全向麦克风，可以使本地和远端的通话者尽享同时发言的自然交流方式,而不会损失信号,给用户带来了高保真的听觉享受。

独特的麦克风阵列技术使得在只用 1 个麦克风的情况下就可以实现 22 kHz 高品质声音,甚至是环绕立体声的采集功能,这就大大地增强了会议的临场感和亲切感,并且还具有自动增益、自动抑噪、自动回声抑制以及屏蔽手机信号等特点。

2)高清画质——1 080 P/60 FPS

全新的"极致高清"系统架构以及系统对最新的 H. 264 High Profile 协议的全面支持,使得系统能够在 1.7 M 带宽下实现高清画质 1 080 P/60 FPS,从而使视讯应用能够轻松地融入当前的承载网络中,用户也就不需要再对现有的承载网络进行升级或改造。

高清摄像机使用 1 080P/60FPS 采集的高清摄像头,实现了 16∶9 宽高比,具备 12 倍光学变焦。

摄像机提供:高达 1 080 P/60 FPS 的超高清图像采集;12 倍变焦和 180°遥摄半径,完美贴合诸多环境与应用类型;视角宽度高达 72°;极致高清图像,清晰艳丽,颜色自然;采用手动 PTZ(云台全方位)或者预设位置,调焦迅速、清晰。

3)双向 1 080 P/60 FPS 会议体验

系统建成后可以实现 1 080 P/60 FPS 的流畅高清图像及 CD 音质的双声道立体声效果,提供更加真实的沟通场景和更好的会议体验。

多点会议是视频会议系统的主要应用形式之一,这种会议需要 MCU 和各地的终端配合完成。这种会议参与会场较多,参会人数也较多,比如:全市年终大会、重大项目会议、领导决策会等。

4)高清双流——双路高清 1 080 P 效果

系统可支持双路高清视频图像,增强了内容呈现的效果,并且主视频质量不会因为双流的启用而降低,也不会增加承载网络资源的占用。

双流(H. 239 标准)是指双视频流传送技术,这种技术允许视频终端在一个视频会议中同时发送视频和内容(如 PPT 文件等)。基于此项技术,视频用户可以得到双流视频服务,实现在视频会议系统中同时传送和显示两路视频信息。

会议中,中心会场高清终端可同时连接两台高清电视机,通过视频会议系统可以呈现清晰的对方图像和本地图像,达到 1 080 P/60 FPS 帧高清清晰度和分辨率,只要高清电视机尺寸够大,甚至可以做到人物以 1∶1 的方式进行呈现,避免以往视频会议中的不清晰图像给人造成的视觉疲劳,防止会议效率的降低。需要时还可以配合高清摄像机的 12 倍变焦能力,对人物或物件进行细节呈现,如分会场汇报人的面部特写,工作中的各种照片、图纸或素材等。

会议中可以使用双流功能播放计算机内显示的内容(包括声音),实现对话人和讲解内容的双流传输。接收方将同时收到对方主讲人的画面、声音和对方的演讲稿件内容。支持 H. 239 标准双流,支持静态双流和动态双流,各终端可以相互发送双流。

5)安全加密会议

高清视频会议系统考虑实际的安全需要,可实现会议加密,通过将安全服务认证和通话隐私合并的方法,提供改进措施,如安全文档(简单密码和复杂数字签名)、新的安全对策和逆向服务支持等,提供切实的安全保障解决方案。安全加密示意图见图 4-5。

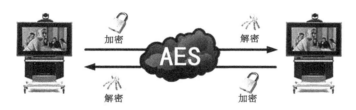

图 4-5　安全加密示意图

6) 独有的双流放大技术

高清终端在发送双流的时候支持独有的双流放大功能(见图 4-6),可以对共享的文件选定区域进行全屏放大,可以更加清晰地展现共享文件的细节,尤其适合针对报表等数据分析讲解的现场应用。

整存整取	
三个月	1.91
半年	2.20
一年	2.50
二年	3.25
三年	3.85
五年	4.20
整存整取、整存零取、存本取息	
一年	1.91
三年	2.20
五年	2.50

图 4-6　双流放大展示图

远程数据呈现:高清软终端双流放大。独有的双流放大功能,清晰显示数据的每一个细节。只要网络可达,随时随地呈现数据。

4.3.3.2　大屏显示系统建设

为了满足管理中心建设的需要,实现集中监控管理,根据中心大屏幕显示系统的建设目标、物理环境及技术要求,遵循技术先进性、高可靠性及耐用性、与其他系统之间的兼容性、可扩展性、经济适用性的原则,采用技术先进的液晶拼接大屏幕显示系统。

大屏幕显示系统包括专业液晶显示单元、处理器,以及与之配套的控制软件。控制软件采用模块化建设,具有良好的先进性和扩展性。通过串口和 IP 并行结构将各个子系统有机地结合在一起,实现网络的分控和权限的集中管理。系统采用先进、成熟、可靠、便于维护的设备。

大屏幕显示系统主要为用户提供对显示拼接墙上的各类应用窗口的控制和管理、自由无限拼接功能,操作简单适用,单一全中文操作界面,可实现对显示单元、控制器的控制及实现对矩阵等相关外围设备的控制与管理,可定制显示界面,支持多种矩阵,有自主知识产权。提供友好而简便的人机操作界面,对显示墙的操控方便快捷,操作直观。

（1）支持跨平台应用。支持 Microsoft Windows XP/NT/2000/Win7/Win8/Win10 和 Unix/Linux 操作系统。

（2）支持远程控制、多用户控制和优先级控制、用户权限控制，具有灵活的控制功能。支持远程控制和调度大屏幕显示；支持多级别用户的安全管理功能，支持多个用户对大屏幕显示墙系统的实时控制操作，协同实现大屏幕视窗调度。多台工作站可同时对大屏幕进行操作，互不影响。软件建设了完善的多用户权限和授权机制，可以对每个用户单独设置不同管理权限和划分不同的信号源及显示墙范围等操作区域，使用人员只能在授权的权限范围内进行对应的操作控制，越权操控均无效，确保了多用户操作的安全性；并提供多用户管理功能，包括添加、修改、删除用户，用户登录和退出，定制用户权限区域等功能。

（3）支持显示设备的多种分辨率要求。控制软件可进行自定义输出分辨率操作，实现图像控制系统自定义分辨率输出，极大程度提高了对大屏幕等显示设备的兼容性，这样控制系统就可以根据显示设备的分辨率要求，自定义输出相适应的分辨率，使得图像控制系统输出信号可以适应各种常规以及非常规的应用场合。支持 800×600、1 366×768、1 400×1 050、1 920×1 080、1 920×1 200 等各种分辨率的显示设备。

（4）灵活、方便的信号窗口管理，丰富实用的显示模式设置。各种显示信号以窗口的形式在大屏幕显示墙上显示，能灵活实现单屏显示、跨屏显示、共屏显示、叠加显示、任意大小显示、整屏漫游等多种显示模式，可以对窗口风格、开窗参数、窗口比例、窗口位置、窗口大小等进行设置，支持画中画开窗。可根据操作使用的便利性需要，灵活设置操作员桌面显示方式。

（5）全面、灵活、快捷的信号源管理。可方便、快捷地实现视频信号、RGB 信号、网络计算机信号、音频信号、网络信号源的选择调用、切换显示，可对信号的色彩、亮度等信号参数进行设置、调整。

（6）支持强大的预案功能。可实现显示信号源的预先准备与快速调用，将准备显示的各种信号预先在操作员桌面的非显示区域开窗并调入信号源，需要显示时只需要用鼠标将信号窗口拖入显示墙区域即可立即显示。同样，用鼠标将显示墙上正在显示的图像拖出显示区域即可停止该图像的显示，需要时再用鼠标将该图像窗口拖入显示墙显示区域即可显示。控制软件具备强大的预案功能，可方便地实现预案设置、保存、修改、删除，可以把当前大屏幕上的信号窗口布局保存为一个显示预案，可预设预案执行时间，同时支持使用"热键"（快捷键）调用预案。操作员可对各种信号窗口的显示方式和布局保存成模式，或者根据时序定制为预案，实现画面自动显示，可通过快捷键对模式和预案进行快速调用，实现自动化控制管理功能。

（7）强大的设备管理能力。可以对视/音频矩阵、RGB 矩阵等外围设备进行定义、管理和控制，自动完成相应的矩阵与图像控制系统输入端口的切换。支持对显示单元开关控制、灯泡寿命检测，支持对图像拼接处理器远程开关机管理。可设置各种设备相互之间的通道关系，信号输入、输出的定义。支持各种类型、各种品牌等离子显示器或电视机。

（8）支持第三方控制。可与 Crestron、AMX 等中央控制系统无缝连接，即联即用。

（9）多处理器控制。支持图形拼接控制器主从和级联方式，支持同时对多处理器的控制与操作，满足大型操作系统的控制要求。

（10）绿色软件可直接运行。大屏幕显示系统管理软件为纯绿色软件,无需数据库支持,无需安装数据库引擎,方便维护、备份等系统管理。

（11）信号预览与同步显示。所有开窗的内容可实时显示在管理软件界面上,支持对各种信号源快速预览及快速调用,操作员可在各类信号源上屏显示之前对信号进行开窗预览,并用鼠标快速将信号窗口拖移上屏显示,支持 10 路信号源实时预览。

（12）虚拟大屏幕功能。操作人员可在操作工作站显示器上看到虚拟的大屏幕的拼接界面,可在此虚拟界面上看到所有大屏幕上显示的信号窗口,以便操作人员不必看大屏幕就能完成对大屏幕上的应用窗口的大小、显示位置等参数的操控。

（13）C/S 和 B/S 模式。大屏幕系统控制管理软件有 C/S(Client/Server,客户端/服务器) 和 B/S(Browser/Server,浏览器/服务器) 模式可供选择。

（14）强大的大屏幕控制管理能力。支持多组相同或不同分辨率的拼接大屏幕系统统一管理,用户可以在一个控制终端对多组拼接墙集中管理操作。支持通过网络对控制软件进行更新,以减少系统升级时用户的维护工作量,可以将系统的各项设置数据进行备份,以方便进行数据恢复。

为了操作方便,系统可以采用一台控制主机对整个大屏幕的操作进行控制,并且可以通过这台控制主机授权给网络上任何一台操作员工作站来对大屏幕进行控制,同时支持多用户同时远程控制,操作数不小于 32 个。

（15）远程鼠标控制。不同网络客户端可通过自己的鼠标登录控制系统,实现对控制系统的桌面应用窗口的操作和控制。

（16）支持全中文界面、快捷的操作方式。管理控制软件支持全中文操作界面,包括所有菜单、子窗口、树形目录等界面,双击、右键菜单、控制按钮、信号源名称、窗口标题等均支持全中文显示。具备友好的操作方式,界面简洁,操作方便,所有操作通过大屏控制软件的图形界面即可进行统一控制,不需要频繁地切换不同控制软件界面。操作方式实用简捷,方便易学,只需通过鼠标和键盘简单地点击,就可对大屏幕系统的多种设备进行同步控制操作,灵活实现各类图像的显示控制。

（17）系统状态及图像的监控功能。支持信号图像在操作员模拟屏上的显示,使操作员能够直观监视显示墙上的信号图像。对拼接显示墙的显示单元、多屏处理器等关键设备的运行状态进行监控,随时查看其运行信息;可根据用户需求设定设备的报警条件,当设备出现运行异常时,报警信息在软件中实时显示,实现对系统状态的监控管理。

（18）信号无线接入功能。可将移动的笔记本电脑、iPad、Android 平板或 PC 桌面等信号通过无线/有线方式快速接入系统,并可实现输出到任意显示屏上进行实时显示。兼容 PC、Mac、iOS。与 Android 等终端同时接入显示;支持笔记本、iPad、Android 平板等移动终端无线显示;支持 Wi-Fi/以太网双网同时接入;至少可支持 64 个终端同时连接;支持有线/无线桌面即时批注及推送显示功能。

（19）提供二次开发接口。提供完整的软件接口,并提供开放的 API,充分满足用户的系统集成二次开发需要,用户可以方便地结合本身的需要进行定制开发,实现与应用系统的联动显示功能。

（20）字幕显示、时钟显示。控制软件支持在整屏范围内进行滚动字幕显示,字幕大小、位置、字体、颜色、背景以及文字特效等可任意设定。系统可在大屏的任意位置以数字方式显示系统时钟,可由年、月、日、分、秒、星期等参数组成。

4.3.4　移动应用 APP

建立便携式移动 APP,利用移动互联技术实现随时随地查看水库标准化平台监管系统相关监测数据,及时办理各种需要交互的流程化业务,如调度、巡检、维修、养护等,提高应急、决策的时效性,方便用户使用。

4.3.4.1　综合展示

展示水库监测监控设施分布信息及其运行信息,包括监测点的位置,流量、水位指标,视频点分布,巡查轨迹记录的变化趋势及动态变化情况。

4.3.4.2　基础信息

基础信息查询主要针对区(县)水行政主管部门河湖业务管理单位及工程运管单位提供河湖各类业务基础信息、水利工程基础信息的查询服务,为河湖巡查及工程隐患排查提供基础信息支撑。

1.水库基本信息

对水库管理区内基本信息进行查询。

2.工程信息查询

可以按工程名称、责任人、工程时间、工程所在位置等要素进行工程信息查询,可查看水利工程信息,包括工程基本信息、各类监测信息的查询,比如水情、工情等。

4.3.4.3　实时监测

可实时监测河湖及各类工程具体运行状况,主要包括水位监测、渗压监测、位移监测等信息,让用户更加直观准确地了解各实时监测信息。当实时监测信息超过既定预警数值时,可通过移动应用发布预警信息。

1.水文情势

水位数据:显示查询实时、历史水位,管理水位数据。支持站点、时间段查询,以图标、列表多种形式展示。

2.报警查看

移动端可以进行报警查看,包括各种监测值阈值报警、视频报警等,以声音、通知的形式自动提醒管理人员,管理人员可以查看报警信息列表,了解报警详情,对比监测数据,及时采取应急措施。

4.3.4.4　视频监控

查询关键点位置的视频信息。

视频联动:在视频监控窗口中,点击某一监控画面(摄像头),系统会自动切换到同一区域,并且可以任意漫游,以弥补视频监控的不足。

录像回放:可以查看历史视频监控信息。

4.3.4.5　巡查养护

手机端巡查养护是对工程巡查工作和养护工作的监管,能查看水库巡养人员的工作轨迹是否偏离、工作内容是否有效达标,主要包含问题上报、人员轨迹、任务管理、巡养提醒和巡养统计等。

1. 问题上报

问题上报按类型可分为巡查问题上报和养护问题上报。

提供问题上报功能,实现对现场问题描述、照片资料、问题发现人员等信息的及时上传,并能够实现发现问题的闭环处理,上报内容包括问题发生的定位地点、时间、问题类型、问题描述信息、问题状态等内容。

2. 人员轨迹

以列表形式查看巡养人员的运动轨迹,支持轨迹回放,可设置回放速度、回访时长等。

3. 任务管理

对现有巡养队伍上报的巡查任务和养护任务完成情况进行监督、管理。

巡养人员登录 APP 后能看到分配给自己的任务清单,按照清单去执行任务。

管理人员能看到所有的清单任务和完成情况,对不符合要求的任务做退回处理。

通过地图自动显示未处理或处理未完成的巡查事件和投诉事件,根据事件的严重程度,分别用不同的颜色表示。可以查看事件的位置、上报人、照片、事件来源、事件状态等信息。

4. 巡查提醒

接入巡养人员移动定位数据,判别巡养是否有效,当判别为无效巡养时,系统自动提醒,巡养人员需要重新进行巡河。

5. 巡养统计

按时间段对巡查及养护的频次、成效、及时率等指标是否达到要求,以图表或列表的形式进行自动统计分析,方便后续加强管理。

第 5 章　　系统集成方案

5.1　系统体系结构

系统基于浏览器/服务器模式（Browser/Server，B/S）形式开发，B/S 架构是 Web 兴起后的一种网络架构模式，支持主流 Web 浏览器。这种模式统一了客户端，将系统功能实现的核心部分集中到服务器上，简化了系统的开发、维护和使用。系统中各子模块之间的数据交换，统一通过数据库完成。系统建设过程中考虑了跨多业务系统体系结构，支持同已经存在的业务系统数据对接。B/S 架构具有如下优点：

（1）维护和升级方式简单。当前，软件系统的改进和升级越发频繁，B/S 架构的产品明显体现着更为方便的特性。B/S 架构的软件只需要管理服务器即可，所有的客户端只是浏览器，不需要做任何的维护。无论用户的规模有多大，有多少分支机构都不会增加任何维护升级的工作量，所有的操作只需要针对服务器进行。

（2）成本降低，选择更多。使用 B/S 架构的应用管理软件，只需安装在 Linux 服务器上即可，而且安全性高。所以，服务器操作系统的选择是很多的。

（3）由于 B/S 架构管理软件只安装在服务器端（Server）上，网络管理人员只需要管理服务器即可，用户界面主要事务逻辑在服务器（Server）端完全通过 www 浏览器实现，极少部分事务逻辑在前端（Browser）实现，所有的客户端只有浏览器，网络管理人员只需要做硬件维护。

5.2　集成开发工具

软件系统开发语言选用先进、成熟的编程语言 Java 进行开发，采用统一的 Eclipse 作为集成开发平台。

Eclipse 是一款开放源代码的 Java 软件开发平台，它由 Eclipse 项目、Eclipse 工具项目、Eclipse 技术项目和 Eclipse web 工具平台项目等组成，为 Java 网站的建设开发人员提供了一个可扩展的、开源的、多平台的 Java 开发环境。

Eclipse 采用"平台+插件"的体系结构，平台仅仅作为一个容器，所有的业务功能都封装在插件中，通过插件组件构建开发环境。Eclipse 的这种结构对 Java 开发人员来说非常方便，使他们可以通过不同的插件自由地实现需要的功能。

5.3　质量控制

（1）系统平台具备良好的兼容性和开放性。

（2）根据使用的功能不同,将用户划分为不同角色和权限。

（3）为保证系统的可扩展性,系统设计时应预留交换和共享接口。

（4）内容全面丰富,网页栏目清晰、内容布局合理,应用服务层级满足少于或等于3次点击操作即可获取相关信息,页面美观、简洁、大方。

（5）访问高效,既能够提供高速度的访问响应,同时界面友好易用,方便用户查找浏览相关信息。

（6）支持大量用户的突发性同时访问,例如平台能够承受大量用户在某个时间(段)内的页面点击。

（7）安全可靠,能有效防止来自网络的各种恶意攻击,防止病毒入侵和传播。

（8）运行维护简单,提供程序化和模块化的配置管理。

第6章　系统安全方案

系统安全体系设计主要结合各自动化系统、软硬件环境及通信网络进行。其安全性主要从物理安全、主机安全、网络安全、应用安全、管理安全等方面实现。

6.1　物理安全

系统运行的物理环境是保证安全的前提。机房内的温度、湿度、防震、防磁符合机房环境国家有关标准的要求,同时机房的防火、防盗措施也必须相当严整,尽可能杜绝意外的灾害性事故对系统造成的损失。

6.2　主机安全

主机安全主要针对操作系统及数据库进行有效身份鉴别和访问控制。其安全性可以采用如下一些方式:口令不允许输出,即不在屏幕上显示输入的口令;对口令进行加密,口令在系统内以密文表示;口令有期限,超过一定期限则必须输入新口令,旧口令不能重复使用;口令输入限定时间、限定次数,超过限定则不接收输入的口令;口令不能为空。对于从远程外部网进入系统进行管理的情况要尽量避免,实在必要时可采用一次性密码,以使网络黑客即使偷听到密码也无法用来进入系统。

6.3　网络安全

在本系统中,可以通过若干不同的途径来保障网络的安全性,如可以在网络的访问级实现用户身份确认,也可以在网络上实施基于每个具体应用端口的安全性措施。所有这些安全性措施对应网络中的不同应用和不同层次,可以根据具体需要灵活采用,也可以同时采用多种安全性措施以实现多级安全性。

6.3.1　访问级的安全控制

可以在用户登录的时候就实现初步的安全性控制,如对用户的身份和权限进行确认等;根据所采用的具体方式,这种安全控制又可以分为集中式的安全控制方式和分散式的安全控制方式。

6.3.2　防火墙技术

在网络中,防火墙是指一类逻辑障碍,用以防止一些不希望的类型分组扩散。路由器经常是防火墙技术的关键所在。防火墙对网络访问进行限制的手段有两类,一类是网络隔断,另一类是包过滤。

考虑系统的实际情况,其过滤表可基于以下匹配模式来设计:IP 地址、MAC 地址、TCP 端口号、UDP 端口号、主机域名、网段等。例如,只允许合法的 IP 地址通过,屏蔽掉含非法 IP 地址的数据包;只允许特定的端口号(即具体的服务)通过,屏蔽掉含非法端口号的数据包等。

6.4　应用安全

一个信息系统的安全性由多种因素决定,除上述主机系统、操作系统、数据库系统、网络系统等的安全性考虑外,应用系统的安全性也是非常重要的,在应用系统设计中主要考虑如下的一些安全性措施。

6.4.1　数据加密处理

设计中将对关键敏感信息(如用户口令等)进行加密处理,尤其是在外网上的应用,其关键数据将被加密之后再送入数据库中,保证数据库层面没有关键敏感信息的明码保存,保证数据库存储层的安全性。

6.4.2　权限控制

将所有应用逻辑都集成在中间应用服务器层,通过严格的权限控制进行数据存取。权限控制的另一个方面是应用系统的授权使用,将保证用户所需要的服务,均在用户身份认证库进行校验,并根据执行权限进行控制。

6.4.3　日志和安全审计

所有用户访问记录将记载在中心服务器,供系统管理员备查。在系统中提供安全审计工作,安全审计主要记录用户操作行为的过程,用来识别和防止网络攻击行为、追查网络泄密行为,并用于电子举证。对用户的越权访问进行预警。

6.4.4　事务处理技术

充分应用数据库系统提供的事务处理技术,保证数据库中数据的完整性、一致性。

6.5　管理安全

计算机系统的安全问题从来不是单纯的技术问题,同时也是管理问题。为了有效地把安全问题落到实处,应建立一套完备的安全管理体制,从组织上、措施上、制度上为系统提供强有力的安全保证。安全管理制度包括领导责任制度、各项安全设备操作使用规则制度、岗位责任制度、报告制度、应急预备制度、安全审计和内部评估制度、档案和物资管理制度、培训考核制度、奖惩制度等。

第 7 章　　项目实施管理

7.1　　建设管理

7.1.1　建设单位

建设单位为费县许家崖水库管理中心。

7.1.2　保障措施

根据水利部颁布的相关规定,水利相关建设项目的实施,应当实行项目法人制,对项目建设的全过程负责。

7.2　　运行管理

7.2.1　运行组织机构

运行组织机构为费县许家崖水库管理中心。

7.2.2　运行维护管理措施

在项目建设过程中及工程完成后,为保障许家崖水库信息化管理平台的正常稳定运行,应对管理平台和运行环境提供可靠的维护保障。运行维护内容主要包括相关业务系统及运行环境。本次工程建设项目可根据需要委托实施单位或专业部门进行维护管理。

许家崖水库信息化管理平台建设项目质保期为 3 年,质保期结束后提供 5 年的运行维护,运行维护费用主要包括维护系统正常运行维护费、管理费等,质保期外的设备维修只收取维修服务中所用的材料成本费。

7.2.3　人员培训方案

本着服务用户、服务社会的原则,通过有效的培训手段为项目的成功实施提供保障。以热线支持、现场培训和认证培训的方式实施培训工作。接受培训的人员在培训后能独立完成相应的技术工作。保证实施的项目能够做到"交钥匙"工程,"用户满意"项目。

在业务范围内培养一批软件系统操作和使用合格的管理人员和工作人员,满足水资源信息化业务的需要。

7.2.3.1　人员配备

具备系统专业理论知识和丰富的维修、操作实践经验,熟悉培训设备、子系统模块的操作和维修,具有充足的培训经验的授课人员,将自己所掌握的专业理论知识和实践经验、技能较好地传授给学员。

根据主要业务范围,培训对象包括以下两类:运行环境培训对象和应用环境培训对象。运行环境培训对象主要包括系统维护的技术人员,应用环境培训对象可以划分为管理层和操作层两个层次。

1. 运行环境培训对象

运行环境培训对象是指数据中心的技术人员。

(1)主机系统维护人员。能够独立维护主机系统的日常运行;能独立判断常见故障并进行处理;能清晰地描述各种故障现象,协助定位故障。

(2)操作系统维护人员。能够独立维护主机操作系统的日常运行;能独立判断常见故障并进行处理;能清晰地描述各种故障现象,协助定位故障;能够独立地开发新业务的管理模块。

(3)数据库系统维护人员。能够独立维护数据库系统的日常运行;能独立判断常见故障并进行处理;能清晰地描述各种故障现象,协助定位故障。

(4)系统维护人员。能够独立维护系统的日常运行;能独立判断常见故障并进行处理;能清晰地描述各种故障现象,协助定位故障。

(5)网络维护人员。能够独立维护系统的日常运行;能独立解决常见网络故障;能独立进行简单网络连接。

(6)终端设备维护人员。能够独立安装终端设备,能够判断并解决常见故障。

2. 应用环境培训对象

1)管理层

管理层承担整个系统工程的管理职责,从应用和维护两个方面对系统工程进行管理,对各个系统的改进、扩展、完善提供建设性意见,以充分发挥系统功效。通过相应培训,使管理层的培训对象能充分了解系统总体结构;掌握各系统的相互关系;明确系统业务处理流程;能独立承担整个应用系统的日常管理;能够独立解决非技术性故障;能够对系统改进、完善和扩展提出建设性意见,并组织实施一般性功能改进、完善和扩展。

2)操作层

操作层熟练使用被授权的各项功能,判断并处理常见的故障。参加的培训方式为初级培训。通过相应培训,使操作层的培训对象能了解所需掌握的业务知识,熟悉各项相关功能,清晰地描述故障现象,能对用户的问题进行简单解答。

7.2.3.2　培训目标

完成包括软件产品、开发技术及工具等在内的全部必要的培训。在系统正式运行之前,将对用户进行相应的培训,根据用户的人员素质、数量等,将培训分为领导使用的培训、系统管理员(或是配置人员)培训、用户培训师培训、普通用户培训。

(1)领导使用的培训:主要针对中心的领导进行简单的使用培训,使领导能熟悉各个模块的功能及使用方法。

(2)系统管理员(或是配置人员)培训:对系统管理员进行培训,确保系统管理员能独立地安装系统所需的相关软件环境,使系统管理员能够掌握系统基本的维护技能,保证软件的运行条件。

(3)用户培训师培训:为用户培养 1~2 名培训师,可以在系统运行阶段自行对普通用户进行培训。

(4)普通用户培训:对普通用户进行相应的产品使用培训,使其能够熟练地使用系统,在最短的时间内达到良好的应用效果,切实提高工作效率。

培训结束后,受训人员要掌握相关设备的工作原理,知道如何在正常工作模式下运行、维护相关设备,并能对其下属人员进行相应的操作和维修方面的再培训和指导。

7.2.3.3　培训流程

建成一整套标准的培训流程及培训管理的标准化模板工具,如图 7-1 所示。

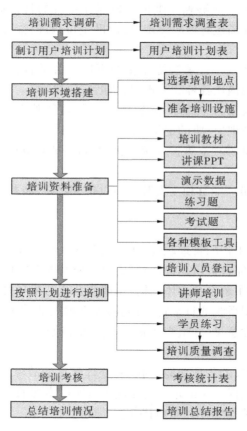

图 7-1　培训流程

为了保证培训的针对性和效果,在学员培训前首先要进行培训需求调研,掌握学员的知识结构等基本状况,由学员填写培训需求调查表,根据调查表确定各阶段、不同角色的培训内容,制订详细的用户培训计划。在培训前要进行培训环境的搭建和资料的准备。然后即可由讲师展开各阶段、不同角色人员的培训,每次培训前,学员要签到考勤,考勤结果将影响到培训考核的总体评分,然后由讲师开始培训。在培训一部分内容后,要给学员充足的练习时间,以保证培训效果。对每一位培训讲师的培训质量进行调查,并提出改进措施。在一阶段的培训完成后要进行培训考核,通过考核统计表反映学员的考核结果,最后由培训讲师总结培训情况,填写培训总结报告。

7.2.3.4　培训实施

为了更好地达到培训目的,使受训人员能够在运营中有效地操作和维护各子系统,结合系统的特点,将通过以下环节来完成培训工作。

1. 现场安装随工培训

在设备安装、调试期间,业主派遣操作和维护人员随工培训,通过安装和调试实践工作,可以了解设备的硬件和软件结构、工作原理,并结合技术说明书,初步掌握设备的开机、关机和复位等操作方法。

2. 现场集中培训

现场集中培训应在系统试运行之前进行,对业主所有操作和维护人员进行集中培训,培训内容主要包括以下正常操作程序和应急处理:

(1)对模拟情况进行故障诊断、应急处理及纠错措施。

(2)测试设备及特殊工具的使用。

(3)系统操作程序及注意事项。

(4)网管操作及注意事项。

(5)系统维护程序及注意事项。

(6)对系统维护所需工具的描述。

(7)系统自检功能的描述。

(8)日常维护建议。

培训结束后,培训人员应对系统设备进行熟练操作,并能进行应急处理和常见故障的排除。

培训级别分为一般培训和高级培训。

(1)一般培训使得系统维护人员能够顺利地完成日常的维护工作,能够熟练使用标准化管理平台,达到及时排除大部分系统故障的目的,保证系统的正常运行,内容包括系统操作、系统基本维护知识等(本培训适用于所有人)。

(2)高级培训使受训人员能熟练地掌握系统软件并使用应用软件,熟悉系统整体结构,能够进行基础的系统维护和简单故障的排除。

7.2.3.7　培训效果的评估方法

为使培训人员达到培训计划要求,所有培训人员都应接受测验和考试,以确定他们可否称职地完成将被赋予的任务和工作。应准备并提交一份测验和考试计划,以及详细材料,包括范围、功能和方法等,供业主确认,对成功完成培训的学员应颁发证书。

第 8 章　效益分析

临沂市许家崖水库信息化管理平台建设是水利信息现代化的重要标志,将为防汛抗旱、水资源调度、水利工程管理、工程安全监测等多方面的工作提供全方位、多层次、多渠道的综合服务和技术支撑,具有显著的经济效益和社会效益。

8.1　社会效益分析

(1)加强水库基础感知,保障运行管理安全。水库工程是重要的基础设施,在保障人民群众生命、财产安全,民生改善和经济社会发展中越来越显示其重要性。基础感知体系是提高许家崖水库管理水平的重要组成部分,对水库信息化管理起到重要的前端感知信息采集与数据支撑作用。通过水位、流量、工情、大坝安全监测、视频安防监控等实时数据的监测预警,保障水库全天候的运行安全。

(2)提升水库信息化管理水平,实现精细化管理。许家崖水库日常管理工作涉及众多方面,包括对水库的运行监控、巡查管理、输水调度、日常办公等,数据量庞大。若采用手工作业,势必给管理人员日常工作造成诸多不便,也不能满足智慧水库精细化管理工作的需要,直接影响工作效率和效果。随着科学技术的发展,对水利工程管理工作提出了更高要求,通过建立智慧许家崖水库信息化管理体系,能够革新传统手工管理手段,从整体上提高水利工程管理水平和工作效率,实现精细化管理。

(3)提高工程效益,助力智慧临沂城市建设。许家崖水库是一座以防洪、灌溉、城市供水为主,兼顾发电等综合利用的大(2)型水库,水利工程管理和防汛工作任务十分繁重,其防洪、供水能力对临沂市防洪、排涝、供水、灌溉、发电、生态环境保护,以及经济与社会发展起着十分重要的作用。特别是近几年气候异常现象频繁发生,极端天气凸显,特大洪涝极易形成,这对许家崖水库的防洪减灾能力提出了更高的要求。通过许家崖水库信息化管理平台项目的建设,能够掌握工程运行状态,及时处理突发问题,提高工程效益,助力智慧临沂城市建设。

8.2　经济效益分析

(1)提高响应能力,减少突发事件造成的损失。临沂市许家崖水库信息化是水利工程精细化管理的一项重要组成部分,对于建立健全统一指挥、反应灵敏、运转高效的水库管理应急机制,预防和应对自然灾害、公共卫生事件,减少突发事件造成的经济损失具有重要意义。平台本身不能产生直接的经济效益,其效益主要体现在间接经济效益和降低突发事件造成的经济损失上。通过临沂市许家崖水库信息化管理平台的建设,可全方位监测监控、快速响应、快速预警和高效处置水利工程相关事宜,提高领导决策的科学性,提升联动能力,为临沂市防汛、抗旱、灌溉等工作提供科学支持,有助于预防和减少自然灾害、事故灾难等造成的公共财产损失。

(2)提升日常办公效率,降低管理成本。临沂市许家崖水库信息化管理平台建成将大大提高日常业务管理工作的效率,提高信息资源利用率,降低管理成本。通过日常工作从传统管理方式到信息化管理方式的转变,提高对事件的反应能力,优化工作流程,降低管理成本。

(3)信息资源的有效共享,提升数据利用价值。许家崖水库信息化管理平台建设项目建设过程中,可以充分集成、利用许家崖水库管理中心已有的设备、网络、数据、系统等各类资源。同时,项目建设中产生的数据、系统等资源也可以通过临沂市许家崖水库信息化管理平台为其他政府部门提供服务,为许家崖水库管理中心创造数据资产,实现数据、系统等信息资源的融合、共享、集约。

第9章 施工组织设计及布置

9.1 施工组织设计

9.1.1 工程概况

许家崖水库信息化管理平台建设项目主要工程内容包括基础感知体系、水库智慧管理平台、运行保障环境。

9.1.2 交通条件

工程位于许家崖水库大坝及管理中心,工程沿线有众多县乡级公路与工程管理道路相连接,对外交通便利,施工所用的材料、施工机械、生活物资等均可由上述交通网络运达工地。

9.1.3 建筑材料

许家崖水库信息化管理平台建设工程所需钢筋、水泥、柴汽油、木材及零星材料均可从项目区附近的费县县城购买,无论产量,还是质量,均能满足工程施工的需求。

9.1.4 施工供水

许家崖水库信息化管理平台建设工程施工期间,施工用水可从水库或附近河道内抽水,生活用水可从水库管理中心或附近村庄取自来水。

9.1.5 施工供电

许家崖水库信息化管理平台建设工程主要用电负荷为场区照明、机电设备安装、生活区用电等施工用电。根据工程设计,许家崖水库信息化管理平台建设工程主要为机电设备安装,施工供电可就近利用附近管理区原有的供电电源或者采用自备柴油发电机供电。

9.2 施工导流

许家崖水库信息化管理平台建设工程主要为外购机电设备安装工程及软件开发,施工地点主要位于工程管理区厂房内,施工期间均满足工地施工要求,无需采取施工导流措施。

9.3 主体工程施工

许家崖水库信息化管理平台建设工程主要为机电设备安装,设备安装应严格核对设计图纸、设备铭牌和装箱单,清点和收集设备试验报告和合格证书;严格按图纸及规范施工,保证电气系统运行的安全可靠;图纸不清楚不施工;材料、设备质量不符合要求不施工;不安全因素不排除不施工;施工应遵循先下后上的原则,隐蔽工程在隐蔽前应按照程序经有关部门、人员确认。设备安装按项目方案或设计图纸的要求,认真核对设备型号,其接线应逐一核对正确无误,牢固可靠,绝缘良好。综合布线敷设前应对电线外观、规格、型号、电压等级进行核实,并用摇表对电线的绝缘进行检测,合格后方可敷设;电缆敷设时要严格核对路径,避免交叉,排列应整齐。

所有材料、设备均要有出厂合格证、说明书或材质证明书等资料,并保管好不得丢失。

9.4 施工总布置

许家崖水库信息化管理平台建设工程施工总布置的内容:场内外交通及衔接、施工工厂、办公及生活福利区。

根据许家崖水库信息化管理平台建设工程特点,确定施工总布置的原则如下:

(1)尽量利用现有管理区范围内开阔平地,减少场地平整工作量,各生产、生活设施的布置应便于生产管理。

(2)施工交通应充分利用现有道路。

(3)尽量少占耕地,方便施工,减少干扰,利于生活,方便生产。

(4)充分利用当地可为工程服务的建筑、加工制造、修配及运输等企业。

(5)施工临时设施布置应符合国家现行有关安全、防火、卫生、环境保护等规定。

9.4.1 场内外交通

工程位于许家崖水库大坝及管理中心,工程沿线有众多县乡级公路与工程管理道路相连接,对外交通便利,施工所用的材料、施工机械、生活物资等均可由上述交通网络运达工地。

9.4.2 施工工厂设置

施工工厂主要包括金属结构加工厂、建材仓库及机械设备维修厂。具体布设方案如下:

许家崖水库信息化管理平台建设工程在管理区范围内的工程主要为机电设备安装工程,为了施工期间方便管理、便于调配,减少施工临时占地,节约工程投资,机电设备安装工程施工场区均可集中布置在工程管理区范围内,不计占地。

9.4.3　办公及生活福利区设置

办公及生活福利区主要布置内容:职工宿舍、食堂、锅炉房、供暖锅炉、办公室、会议室等生活办公设施,厕所、浴室等卫生设施,医务室、治安保卫、文化体育设施。由于许家崖水库信息化管理平台建设工程集中在水库管理中心附近,办公及生活福利设施可采取集中设置,均布设于施工工厂附近。

对于在管理区范围内的工程项目,其办公及生活福利区均位于管理范围内,不计占地。

9.5　施工计划

按照项目建设任务和工作要求,制订项目实施计划,项目建设任务实施进度计划见表9-1。

表 9-1　施工计划

项目名称	2022 年			
	6 月	7 月	8 月	9 月
方案报批	███			
项目招标		███		
合同签订、备货			███	
项目施工、试运行及验收			███	███

施工进度原则上应当年施工,当年完成,最晚至下一年度6月前完成。

第 10 章　投资预算

10.1　预算依据

(1)《国家电子政务工程建设项目管理暂行办法》；

(2)《水利工程设计概(估)算编制规定》(水总〔2014〕429 号)；

(3)《水利工程概算补充定额(水文设施工程专项)》(水总〔2006〕140 号)；

(4)《水利建筑工程概算定额》(水总〔2002〕116 号)；

(5)《水利水电设备安装工程概算定额》(水建管〔1999〕523 号)；

(6)《工程勘察设计费管理规定》(计价格〔2002〕10 号)；

(7)《建设工程监理与相关服务收费管理规定》(发改价格〔2007〕670 号)。

10.2　预算说明

本实施方案在项目工程量测算的基础上,按照水利工程、信息化工程和软件工程等相关概算编制办法,结合综合指标概算确定项目概算。

10.2.1　设备材料预算单价

(1)通信、大坝安全监测、监控、机房、大屏幕、音频、视频会议、网络等设备单价和软件平台价格,根据厂方报价及类似工程价格水平确定。

(2)附属工程主要材料价格根据工地实际情况综合计算确定。

10.2.2　其他费用取费标准

(1)勘察设计费:各项目按照工程规模标准计费。

(2)工程建设监理费:各项目按照工程规模标准计费。

10.3　预算结果

临沂市许家崖水库信息化管理平台项目总投资 419.71 万元。其中,信息化管理平台软件 55 万元,大坝安全监测设备 199.74 万元,基础感知系统设备 17.58 万元,数据机房 9.78 万元,会商室建设 77.88 万元,多媒体升级建设 11.92 万元,网络建设 21.81 万元,工程建设监理费 7 万元,勘察设计费 9 万元,项目运维费 10 万元。

10.4　预算清单

预算清单见表10-1。

表 10-1　预算清单

序号	工程或费用名称	参数	单位	数量
一	数据资源及服务完善			
1.1	基础资料收集与处理			
1.1.1	水库基础资料收集	对许家崖水库工程运行管理工作进行资料收集汇总,资料内容包括形象面貌、制度规范、工程属性、设施设备、防汛物资等水库工程管理信息,资料包含各种格式,资料来源包括数据库、电子文档、纸质文档、多媒体文件(照片等)等	套	1
1.1.2	资料整编处理	对资料进行统一整编处理,从资料数据中抽取本次标准化管理需要的数据内容,并按照应用要求进行处理,形成许家崖水库工程标准化运行管理的同源资料库,便于标准数据库的建设	套	1
1.2	现有数据资源整合	建议充分利用已有监测数据资源和业务数据资源,针对已建有相关信息化系统的,通过与现有系统对接的方式进行相关数据资源整合	套	1
1.3	数据库完善建设			
1.3.1	基础信息数据库完善	主要存储和管理形象面貌信息、规章制度及规范标准文件、设施设备信息、防汛物资信息、两册一表等信息	套	1
1.3.2	业务管理数据库完善	主要存储在日常业务应用系统处理过程中产生与需要的业务数据,包括险情管理、设备安全管理、培训管理、管理评价等信息,以及各业务系统的输入、中间成果、输出等数据,数据形式有标准表结构的结构化数据,也有文本、图片、曲线、图形等非结构化数据	套	1

续表 10-1

序号	工程或费用名称	参数	单位	数量
1.4	数据交换共享服务	根据山东省厅水利工程标准化管理的数据要求,建设统一的数据交换共享服务,高度融合和挖掘现有水利数据,提供专业的水利数据接口,建立与上级标准化监管平台之间的信息互通桥梁,消除信息孤岛,充分发挥许家崖水库数据资源的最大化效益。 (1)共享内容:根据工程监管需要,信息采集的工程静态数据、动态数据、实时数据均需共享至上级监管平台,同时接收上级平台下发的评价指标、考核指标数据。 (2)共享频次:静态信息通常每年更新一次(必要时及时更新),动态信息根据实际情况按月、周、日进行更新,巡查上报及日常人工填报数据应通过手动更新,将信息保存至管理系统的同时,利用数据交换接口交换保存至相应平台数据库中,实时信息通常进行实时更新。实时接收下发的指标数据。 (3)共享方式:应采用可靠网络利用平台数据接口的方式实现,由水管单位平台主动访问监管平台预留接口完成数据上报、接收	套	1
二	水库工程标准化数字管理平台建设			
2.1	标准化功能模块完善			
2.1.1	形象面貌	系统提供标识标牌、工程环境、管理房、档案室等图片上传展示功能。用户通过系统可直观了解工程基本形象面貌,提升工程服务水平	套	1
2.1.2	设施设备管理	(1)设备登记。 针对工程相关重要设施设备,可通过系统录入相关的设施设备基础信息、厂商信息、采购日期、负责人等;系统提供多种自定义条件的快速查询和统计分析,并提供设备编码编辑、删除、增加等操作。同时,系统可生成相应二维码,并进行下载打印,按规范粘贴于设备表面。管理人员在设备检查时,可通过手机扫描二维码,识别设备信息。 (2)设备安全管理。 把水库管理单位的安全生产职责及其管理对象细化为设备单元,每个单元落实责任人,运用计算机、网络、管理流程设计等技术,把每个单元安全状况、维护记录实时反映出来,使管理人员随时掌握工程安全生产动态,及时发现和消除安全隐患,确保工程安全运行。 水库管理人员能够针对各工程的工程类型、工程级别、管理单位等相关因素,对它们的设备单元类型、单元名称、单元管理责任人、分管领导、设备单元评价细则、设备单元处理期限等相关信息进行录入管理和维护	套	1

续表 10-1

序号	工程或费用名称	参数	单位	数量
2.1.3	防汛物资	对防汛物资类别、物资信息、库存清单进行管理。基于电子地图查询水库工程防汛物资名称、规格型号、上报时间、存量、有效期、存储形式等内容,实时更新及查询物资信息及库存清单,同时对物资出入库情况进行统一管理,记录相关信息,保障汛期防汛物资的供应	套	1
2.1.4	险情管理	管理人员在巡查、检查、观测过程中,一旦发现险情情况,需及时将险情问题记录下来进行上报,包括险情名称、险情发现时间、险情记录、上报人、负责人、应急响应情况、险情处置情况等。险情处理结束后,可上传险情处置报告等相关附件	套	1
2.1.5	两册一表	系统提供两册一表相关资料的录入管理功能,并可对文档资料进行下载、打印	套	1
2.1.6	管理制度	系统提供水库工程管理相关制度的管理维护功能,用户可快速查阅,并可对文档资料进行下载、打印	套	1
2.1.7	管理自评	对于水库工程运行管理单位,按照工程标准化管理评价办法,系统将在考核指标管理的基础上,对已完成创标的工程进行统计分析以及问题处理追踪		
2.1.7.1	自评指标管理	根据《山东省水库工程标准化管理评价办法(试行)》,系统提供大型水库工程考核指标维护管理功能,包括对考核指标的查询、编辑、赋分原则修改等相关信息的管理和维护	套	1
2.1.7.2	管理自评内容	根据考核指标体系,对水库工程管理单位运行管理情况进行分类评分、年度考核,生成客观评价依据,有力支撑水库工程标准化管理考核结果。主要功能是对水库工程运行管理进行评价,包括组织管理评价、运行管理评价、安全管理评价、资料档案管理评价、信息化管理评价等评价内容,利用评价模型进行考核得分计算,按水库工程类别分子模块,用户可查看水库工程监督评价信息	套	1
2.1.7.3	自评问题管理	系统将对水库工程考核中存在的一些问题进行汇总展示,同时对相应问题的整改过程进行追踪,从而更好地实践水库工程标准化管理,弥补自身管理缺陷,优化工程管理质量,达到精细化管理的目标	套	1
2.2	移动工作平台			
2.2.1	维修养护信息	查询展示维养项目计划、项目基本信息,以及维养过程记录、维养成果资料等	套	1

续表 10-1

序号	工程或费用名称	参数	单位	数量
2.2.2	调度运行信息	针对水库管理人员,提供工程调度任务接收、运行操作过程记录等功能,实现工程调度任务接收、执行、反馈的"闭环"管理,提高工程运行的安全管理。 调度任务待办提醒:闸门操作运行人员可以在移动巡查终端中查看需要执行的巡查任务。 运行操作过程记录:闸门操作运行人员可以通过移动巡查终端,对闸门启闭前上、下游情况,闸门启闭后上、下游情况,闸门实际操作情况等进行实时上报,通过移动终端及时以文字、图像等形式记录下来,系统提供运行操作过程记录、现场拍照、录音、录像等功能	套	1
三	水库可视化数据大屏			
3.1	业务场景构建	基于对许家崖水库水源地综合监视以及库河联调等业务的分析,提炼核心问题及分析指标,构建许家崖水库水源地综合指挥驾驶舱与防汛调度场景	套	1
3.2	关联数据抽取	基于构建的业务场景,从数据库中抽取业务场景必需的关联信息形成主题信息仓,为场景构建、大屏展示、数据统计分析提供更精细、更标准的数据服务	套	1
3.3	数据统计分析	根据主题信息仓汇聚的各类关联数据,根据对业务的深刻理解,按照分类、分级原则对数据进行统计分析,将各类监测信息、模型计算成果、统计分析结果进行归类统计,提高数据的分析利用价值	套	1
3.4	可视化设计	数据可视化致力于用更生动、友好的形式,通过交互式实时数据可视化大屏来帮助业务人员发现、诊断业务问题。围绕"主题明确、逻辑清晰"的思路,通过"应用场景化"的形式对数据分析统计成果进行可视化展现设计	套	1
3.5	许家崖水库防汛调度专屏建设	采用当前主流 UI 设计及技术手段,构建许家崖水库防汛调度可视化专题大屏展示,在一个页面上科学直观地反映水库洪水预报调度,以及与下游河道联调情况,综合展示水库自动预报、洪水跟踪、库河联调等信息,协助水库管理人员掌握水库防洪形势总体情况。 (1)防洪监测分析。 展示水库防洪相关的实时监测及气象信息,包括天气预报、降雨分析、水雨情监测、工情监测、台风路径等,为水库防洪提供必要的实时信息。 (2)运行动态预警。 展示水库的洪水预报与库河联调业务运行动态,包括洪水自动预报、洪水跟踪、库河联调等信息,并根据相关运行动态进行水库防洪形势与安全分析预警。 (3)统计分析。 对水库洪水预报与库河联调相关要素进行统计分析展示,为水库领导提供掌握水库防洪形势的快捷手段	套	1
	小计			

续表 10-1

序号	设备名称	主要技术指标	单位	数量
1		大坝安全监测管理平台软件数据接入和提升		
1.1	水库大坝安全运行综合监测分析管理系统信息化软件数据接入和提升	数据接入原有系统平台,系统功能如下: (1)监测数据采集管理:实现对沉降、水平位移等自动监测数据的采集入库管理。 (2)数据库建设。 (3)数据统计分析:实现各相关数据的查询、统计、报表、数据分析、异常情况预警预报功能。 (4)图表绘制展示:过程线、趋势曲线绘制展示等功能。 (5)资料整编分析:实现对考证资料、监测记录资料、监测成果统计资料、监测成果图等资料的汇总、整编功能。 (6)手机 APP 移动客户端数据查询、信息推送等管理功能。 (7)多种预警模型分析,预警信息可直接通过短信形式发送到管理人员的手机,同时通过手机 APP 软件查看到。 (8)软件系统包含 GNSS 解算软件和分析软件,包含监测信息发送到 APP,资料整编。 (9)历史数据可以按日、月、年统计,并汇总打印。 (10)软件具有打印报表,图形分析、查询、图形绘制等功能。 (11)监测软件具有手机 APP 客户端,手机 APP 可同步后台所有监测信息和预警信息。 (12)监测软件可以解算多种卫星数据,同时可以解算北斗数据。 (13)系统管理模块是针对平台管理员、项目管理人员的功能模块。管理模块能实现不同层次登录管理权限,方便对平台进行监管	套	1
2		水库监控中心硬件设备		
2.1	工控机	Intel 平台工控机,配备 Windows 10 及以上中文专业版操作系统,配置不应低于如下要求:①CPU:i5-6700;②内存:容量 8 GB;③硬盘:1 TB SATA;④显示器:25 寸液晶;⑤端口:USB 前 2 后 6,RAS485 串口 2 个,RAS232 串口 2 个;⑥其他:键盘鼠标套装	套	1

续表 10-1

序号	设备名称	主要技术指标	单位	数量
3		水库大坝变形监测系统		
3.1	GNSS 接收机	全星座五星十六频； 750 通道及以上卫星通道； BDS（北斗）：同步 B1I、B2I、B3I、B1C、B2a； GPS：同步 L1C/A、L2C、L2E、L5； GLONASS：同步 L1、L2、L3； SBAS：同步 WAAS/EGNOS/MSAS； GALILEO：同步 E1、E5、E7； 定位精度：平面为 $\pm(2.5+0.5\times10^{-6})$ mm，高程为 $\pm(3+0.5\times10^{-6})$ mm； 高集成：GNSS 板卡、mems 传感器及 NB 模组均内置集成在一体化设备 PCB 中，实现主机高度一体化； 性能优化：MTBF 大于 60 000 h，功率小于 2 W； 具备心跳探针功能，网络信号不好的区域，可以设置自动重启时间； 初始化时间：小于 60 s； 初始化可靠性：一般大于 99.9%	套	18
3.2	GNSS 天线	五星十六频天线，具有抗干扰能力，抗多路径效应	套	18
3.3	GNSS 天线保护罩	高强度，耐腐蚀，透波率高；一体化，电缆不外漏，安全系数高，直径 322 mm	套	18
3.4	强制对中器	304 不锈钢材质	套	18
3.5	通信网关	无线组网/物联网、华为	套	6
3.6	供电装置	（1）100 W 太阳能板； （2）≥80 Ah/12 V 锂电池； （3）10 A/12 V 太阳能控制	套	18
3.7	直流防雷模块	DC 500 V	只	18
3.8	不锈钢室外防雨控制箱	400 mm×500 mm×260 mm，不锈钢厚 1.2 mm	只	18

续表 10-1

序号	设备名称	主要技术指标	单位	数量
3.9	GNSS 塔杆及地笼	φ425 mm×1 500 mm	套	18
3.10	GNSS 观测点基础施工	C25 现浇底部 120 cm×120 cm×120 cm,顶部 120 cm×80 cm×80 cm	个	18
3.11	原 GNSS 观测点基础施工	原 9 个观测点基础扩大	个	9
3.12	避雷及接地装置	满足规范要求	个	18
3.13	垂直位移监测铜标点	铜质标志及安装	个	27
3.14	3 年流量卡	每月 10 G	个	18
4		水库大坝渗流监测系统		
4.1	测压管清洗	对现有大坝测压管进行清洗,灵敏度测试	个	36
4.2	远程渗压遥测仪	(1)测量变幅:0~30 m; (2)精度:<0.5%FS; (3)适应渗压管径≥50 mm; (4)非线性度:直线≤0.5%FS,多项式≤0.1%FS; (5)分辨率:0.035%FS; (6)过载能力:50%; (7)仪器长度:<150 mm	套	50
4.3	MCU	存储:256 M ROM(可扩展至 256 GB)/512 M RAM; 网络接口:4G/5G 全网通、LAN、Wi-Fi、北斗卫星通信; 数据接口:USB、RJ45、RS485、Wi-Fi; 测量接口:测量模块接口、智能设备接口(GNSS、次声等)、智能传感器接口、雨量传感器接口、温湿度传感器接口; 数据中心:支持 6 个数据中心(可扩展至更多); 数据补发:具备自动补发未正确上报数据的功能; 通信协议:使用 MQTT 协议进行数据传送,可使用中国移动 OneNet 物联网平台进行调试,也可根据客户要求定制协议; 通信方式:用户通过 RJ45 端口、Wi-Fi、USB 端口、RS485 接口连 PC 机和手机,连 Wi-Fi 用 Web 复位面对自动化数据采集仪进行召测、查询和修改配置; 采集策略:设备支持定点测量、定时测量和即时测量等多种测量方式; 加密报:具备加密采集功能,加密采集周期可配	套	9
4.4	太阳能供电装置	30 W 太阳能供电系统,配备锂电池	套	9

续表 10-1

序号	设备名称	主要技术指标	单位	数量
4.5	测压管管口防护装置	管口基础制作,不锈钢制,带防盗锁,0.45 m×0.45 m×0.35 m 保护装置	套	50
4.6	3 年流量卡	每月 30 M	个	9
4.7	避雷及接地装置	满足规范要求	个	9
4.8	新建测压管	新建 14 根测压管,每根管长 25 m	m	350
4.9	新建测压管基础	新建测压管基础	个	14
5		水库溢洪闸渗流监测系统		
5.1	MCU	存储:256 M ROM(可扩展至 256 GB)/512 M RAM; 网络接口:4G/5G 全网通、LAN、Wi-Fi、北斗卫星通信; 数据接口:USB、RJ45、RS485、Wi-Fi; 测量接口:测量模块接口、智能设备接口(GNSS、次声等)、智能传感器接口、雨量传感器接口、温湿度传感器接口; 数据中心:支持 6 个数据中心(可扩展至更多); 数据补发:具备自动补发未正确上报数据的功能; 通信协议:使用 MQTT 协议进行数据传送,可使用中国移动 OneNet 物联网平台进行调试,也可根据客户要求定制协议; 通信方式:用户通过 RJ45 端口、Wi-Fi、USB 端口、RS485 接口连 PC 机和手机,连 Wi-Fi 用 Web 复位面对自动化数据采集仪进行召测、查询和修改配置; 采集策略:设备支持定点测量、定时测量和即时测量等多种测量方式; 加密报:具备加密采集功能,加密采集周期可配	套	5
5.2	太阳能供电装置	30 W 太阳能供电系统,配备锂电池	套	5
5.3	测压管管口防护装置	管口基础制作,不锈钢制,带防盗锁,0.45 m×0.45 m×0.35 m 保护装置	套	15
5.4	3 年流量卡	每月 30 M	个	5
5.5	避雷及接地装置	满足规范要求	个	5

续表 10-1

序号	设备名称	主要技术指标	单位	数量
6		水库放水洞渗流监测系统		
6.1	MCU	存储:256 M ROM(可扩展至 256 GB)/512 M RAM; 网络接口:4G/5G 全网通、LAN、Wi-Fi、北斗卫星通信; 数据接口:USB、RJ45、RS485、Wi-Fi; 测量接口:测量模块接口、智能设备接口(GNSS、次声等)、智能传感器接口、雨量传感器接口、温湿度传感器接口; 数据中心:支持 6 个数据中心(可扩展至更多); 数据补发:具备自动补发未正确上报数据的功能; 通信协议:使用 MQTT 协议进行数据传送,可使用中国移动 OneNet 物联网平台进行调试,也可根据客户要求定制协议; 通信方式:用户通过 RJ45 端口、Wi-Fi、USB 端口、RS485 接口连 PC 机和手机,连 Wi-Fi 用 Web 复位面对自动化数据采集仪进行召测、查询和修改配置; 采集策略:设备支持定点测量、定时测量和即时测量等多种测量方式; 加密报:具备加密采集功能,加密采集周期可配	套	2
6.2	太阳能供电装置	30 W 太阳能供电系统,配备锂电池	套	2
6.3	测压管管口防护装置	管口基础制作,不锈钢制,带防盗锁,0.45 m×0.45 m×0.35 m 保护装置	套	6
6.4	3 年流量卡	每月 30 M	个	2
6.5	避雷及接地装置	满足规范要求	个	2
		小计		
序号	设备名称	主要技术指标	单位	数量
1	浮子式水位计	量程:有 10 m、20 m、40 m 可选; 分辨率:1.0 cm; 精度:10 m,量程<±2 cm,超过 10 m,量程±0.2%FS; 浮子直径:有 15 cm、10 cm 可选; 显示器:十进制机械计数器; 环境条件:工作温度为 -10 ~ +50 ℃,湿度<95%RH,含太阳供电和传输系统	套	1

续表 10-1

序号	设备名称	主要技术指标	单位	数量
2	400 万像素全彩筒型网络摄像机	智能侦测:支持越界侦测,区域入侵侦测; 支持 2 路码流,主码流 2 688×1 520@ 25FPS,子码流 640×480@ 25FPS; 内置麦克风; 最低照度彩色 0.005 lx; 红外开启可识别距设备 50 m 处的人体轮廓; 在彩色模式下,当照度降低至一定值时,可自动开启补光灯补光,在白天、夜晚均可输出彩色视频图像; 同一静止场景相同图像质量下,设备在 H. 264 或 H. 265 编码方式时,开启智能编码功能和不开启智能编码相比,码率节约 80%; 外壳防护能力应符合 IP67 要求; 宽动态:120 dB; 防补光过曝:支持; 最大图像尺寸:2 560×1 440; 视频压缩标准:主码流为 H. 265/H. 264; 网络:1 个 RJ45 10 M/100 M 自适应以太网口; 工作温湿度:温度为−30~60 ℃,湿度<95%RH(无凝结); 供电方式:DC,12 V ± 25%,支持防反接保护; 电流及功耗:DC,12 V,0. 75 A; 电源接口类型:ϕ 5.5 mm 圆口; 要求提供原厂授权函和设备质保函,并加盖厂商公章	台	8
3	全彩全景枪球智能一体机	内置 2 个镜头,可以输出两路视频图像、1 路全景视频图像、1 路细节视频图像; 内置 2 颗 GPU 芯片; 视频输出支持 2 560×1 440@ 25FPS,分辨力不小于 1 400 TVL(电视行),红外距离可达 150 m; 在彩色模式下,当环境照度降低至设定阈值时,样机可自动开启白光灯补光,在白天、夜晚均可输出彩色视频图像; 细节镜头支持 23 倍光学变焦,最大焦距不小于 110 mm; 支持最低照度可达彩色 0. 000 2 lx,黑白 0. 000 1 lx; 支持水平手控速度不小于 160°/s,垂直速度不小于 120°/s,云台定位精度为±0. 1°; 水平旋转范围为 360°连续旋转,垂直旋转范围为−15°~90°; 支持对镜头前盖玻璃加热,去除玻璃上的冰状和水状附着物;	台	7

续表 10-1

序号	设备名称	主要技术指标	单位	数量
3	全彩全景枪球智能一体机	需具备智能分析抗干扰功能,当篮球、小狗、树叶等非人或车辆目标经过检测区域时,不会触发报警; 支持快捷配置功能,可在预览画面开启/关闭"快捷配置"页面,对曝光参数、OSD、智能资源分配模式等参数进行配置,并可一键恢复为默认设置; 支持循环跟踪功能,当全景视频图像中有多个目标触发报警事件后,细节视频图像可联动对多个目标循环跟踪; 支持 300 个预置位,可按照所设置的预置位完成不小于 8 条巡航路径,支持不小于 4 条模式路径设置,支持预置位视频冻结功能,可实现 RS485 接口优先或 RJ45 网络接口优先控制功能; 支持智能红外、透雾、强光抑制、电子防抖、数字降噪、防红外过曝功能; 支持区域遮盖功能,支持设置不少于 24 个不规则四边形区域,可设置不同颜色; 球机应具备本机存储功能,支持 SD 卡热插拔,最大支持 256 GB; 支持采用 H. 265、H. 264 视频编码标准,H. 264 编码支持 Baseline/Main/High Profile,音频编码支持 G. 711ulaw/G. 711alaw/G. 726/G. 722.1; 支持区域入侵、越界入侵、徘徊、物品移除、物品遗留、人员聚集、停车、快速移动,并联动报警; 具备较好的防护性能及环境适应性,支持 IP67,6 kV 防浪涌,工作温度范围可达-40~70 ℃; 具备较好的电源适应性,电压在 DC 36 V±30% 范围内变化时,设备可正常工作; 支持电源电压低于设定阈值时,可通过客户端软件或 IE 浏览器给出欠压报警提示,并可在预览界面显示报警图标; 支持二维码功能检测,在 IE 浏览器下,可通过手机扫描预览界面上的二维码获取设备资料; 支持跟踪报警功能,可对监视画面中的多个目标进行跟踪,并可显示移动目标的属性(人、车、其他),当移动目标进入监视画面时可报警上传,离开监视画面 5 s 后解除报警; 支持双路智能行为分析功能,全景通道和细节通道均支持区域入侵、越界侦测、进入区域、离开区域等 SMART 智能行为分析功能; 支持白平衡参数锁定功能,可将白平衡参数锁定为当前设定值,锁定后白平衡参数值不应改变; 支持图片合成功能,报警事件触发后,样机可联动全景视频图像与细节视频图像进行抓图,并将两张报警图片合成; 支持定位联动功能,可自动标定全景视频图像与细节视频图像,使通过客户端软件或 IE 浏览器在全景视频图像中点击或框选任意区域后,在细节视频图像旋转角度范围允许的条件下,可将该区域处于细节视频图像中央,标定点数量不少于 6 个,且标定用时不大于 1 s; 在设备正前方,距离 1 m 处,报警声压最大值应≥80 dB(A); 报警输入:2 路报警输入; 报警输出:1 路报警输出; 音频输入:1 路音频输入; 音频输出:1 路音频输出	台	7

续表 10-1

序号	设备名称	主要技术指标	单位	数量
4	立杆 4 m，带避雷针	高度为 4 m，壁厚不小于 4 mm； 国标镀锌钢管焊接成型后，白色喷塑； 所用到的螺帽、螺丝、垫片、弹簧垫片采用不小于 M12 的 304 不锈钢材质； 地笼尺寸为 0.28 m×0.28 m×0.4 m，钢筋为圆钢	支	9
5	防水控制箱	箱体尺寸为 400 mm×400 mm×200 mm； 箱体为不锈钢，厚度为 1 mm； 安装板为镀锌铁板，厚度为 1 mm	套	9
6	NVR（16 路）	名单库比对报警[8 路人脸分析比对（图片流），或 2 路人脸抓拍（视频流）]16 个人脸名单库，总库容 5 万张（平均 15 kB/张）； 支持陌生人报警； 支持以脸搜脸、按姓名检索、按属性检索； 支持人脸属性识别； 支持人脸评分功能； 支持接入混合抓拍事件； 支持 2 路视频流周界分析，支持越界侦测、区域入侵、进入区域、离开区域； 支持接入符合 ONVIF、RTSP、GB28181 标准的网络摄像机； 平台对接协议：GB28181/ 1400 视图库协议； 1.5U 标准机架式； 2 个 HDMI，1 个 VGA； 5 盘位，含 4 块 4 TB 硬盘； 2 个 RJ45，10 M/100 M/1 000 M 自适应以太网口； 2 个 USB2.0 接口，1 个 USB3.0 接口； 1 个 eSATA 接口； 2 个 RS485 半双工串行接口； 1 个标准 RS232 串行接口。 软件性能如下： 输入带宽：160 Mbps； 输出带宽：160 Mbps； 16 路 H.264、H.265 混合接入； 最大支持 12×1 080 P 解码； 支持 H.265、H.264 解码	台	1
7	光纤收发器（一对）	一拖四光纤收发器	套	5

续表 10-1

序号	设备名称	主要技术指标	单位	数量
8	二合一防雷器	标称工作电压:220 V; 标称放电电流:5 kA; 最大通流容量:10 kA; 接口:电源为 2P 压接式端子,信号 RJ45; 传输速率:AJ2C 为 100 Mbps,AJ2CH 为 1 000 Mbps; 插入损耗:≤0.5 dB; 外形尺寸:105 mm×57 mm×28 mm	个	9
9	视频监控专线	视频监控专线汇聚接入水源地监控管理平台;3 年资费	条	4
10	主电缆	RVV-3×4 mm^2	m	2 300
11	电缆	RVV-2×1.5 mm^2	m	300
12	应用软件接口	平台扩容、接入及调试费	套	1
13	配套辅材及安装	水位计辅材、监控杆基座、线路保护管、室外超五类网线、跳线、光缆等材料及安装	套	1
小计				
序号	设备名称	主要技术指标	单位	数量
1	全钢无边抗静电地板	规格:全钢活动地板(无边)600 mm×600 mm×35 mm,集中载荷 363 kg	m^2	18
2	防静电地板支架	不锈钢	m^2	18
3	不锈钢踢脚线	10 mm×10 mm	m	10
4	地面橡塑板绝热层	定制	m^2	18
5	入口台阶	描述:机房入口踏步工程	套	1
6	金属吸音天花	规格:铝板微孔吸音天花 600 mm×600 mm×0.8 mm	m^2	18
7	天花吊顶龙骨、丝杆	规格:ϕ8 丝杆、38 龙骨、三角龙骨	m^2	18
8	LED 灯	规格:600 mm×600 mm	个	4

续表 10-1

序号	设备名称	主要技术指标	单位	数量
9	墙面彩钢板	(1)描述:墙体类型为成品单面彩钢板; (2)材料:壁厚 0.6 mm; (3)压条材料:采用配套专用压条	m²	58
10	轻钢骨架	描述:75#	m²	58
11	钢制防火门	规格:防火等级为甲级,含门套	樘	1
12	空调加湿进排水	定制	m	30
13	空调围水堰	定制	个	1
14	设备承重架	网络机柜、UPS、精密空调、精密配电柜等	套	1
15	市电柜	ATS 双电源转换	套	1
16	辅材	线缆、膨胀丝等	项	1
17	接地铜排	30 mm×3 mm	m	8
18	网格接地铜箔	100 mm×0.05 mm	m	40
19	铜排固定端子		套	6
20	接地母线	BVR25 mm²	m	20
21	等电位连接线	BVR6 mm²	m	10
22	等电位端子箱		套	1
23	等电位连接器	JPS-1	套	1
24	防反击箱	LKX-FFX	套	1
25	室外接地	室外接地体	项	1
26	空调	2 匹变频空调,独立除湿; 风量:≥1 000 m³/h; 额定制冷量:≥5 000 W; 额定制冷功率:≥1 600 W	台	1
27	监控摄像头	室内 400 万半球摄像机	个	1
28	气体灭火器	手提式二氧化碳灭火器	个	2
29	机柜	600 mm×1 000 mm×2 000 mm 标准服务器机柜	台	2
30	辅材及安装	空调铜管、室外机承重支架、UPS 输入输出线缆等	套	1
		小计		

续表 10-1

序号	设备名称	主要技术指标	单位	数量
1	小间距 LED 显示屏	(1)小间距 LED 全彩显示屏; (2)像素间距:≤1.59 mm; (3)箱体比例:16:9,全封闭压铸铝材质; (4)像素结构:LED 表贴三合一; (5)箱体分辨率为 376×212,箱体尺寸为 600 mm(W)×337.5 mm(H)×50.9 mm(D); (6)像素密度:≥393 639 点/m²; (7)光学参数:显示屏亮度≥600 cd/m²,色温为 3 000~10 000 K,且可调,水平、垂直视角为 160°,推荐视距为 6 m,亮度均匀性≥97%,最大对比度≥3 000:1;刷新率为 3 840 Hz; (8)电气参数:峰值功耗为 850 W/m²,平均功耗为 280 W/m²,供电要求 110~220 V AC±15%; (9)工作温度范围为 0~40 ℃,存储温度范围为-10~50 ℃,工作湿度范围(RH)为无结露 10%~60%,带包装存储湿度范围(RH)为无结露 10%~70%; (10)功能特性:支持任意方向、任意尺寸、任意造型拼接,画面均匀一致,无黑线,实现真正无缝拼接; (11)维护方式:完全前维护,灯板电源和接收卡均在前面维护	m²	9.72
2	LED 发送卡	(1)LED 全彩显示屏控制器,1 路 DVI,2 路 HDMI,1 路 DP,输出为 8 路网口输出、1 路 HDMI 预监输出; (2)带载分辨率为 3 840×1 080@ 60FPS	台	4
3	视频综合平台	产品为框架式结构,采用无源背板,机箱不小于 13 个板卡插槽,系统稳定可靠; 产品支持在输出通道叠加图片 LOGO,图片位置可调; 产品主控板具有 4 个串口,每个串口挂载 8 个 RS485 控制设备,可将 IP 数据发送给串口; 4 路 DVI 输入(支持转 VGA 或 HDMI),8 路 HDMI 输出; 产品支持视频输入通道参数设置功能,可对单个视频输入通道进行分辨率、帧率、码率、亮度、对比度、饱和度、色调、去噪等参数设置,图像显示模式可设定标准、室内、室外、弱光等显示模式; 产品具备视频遮挡报警、视频丢失报警、非法访问报警、IP 冲突报警等功能; 产品具备三码流编码功能:样机支持主码流、子码流、第三码流编码输出功能;	台	1

续表 10-1

序号	设备名称	主要技术指标	单位	数量
3	视频综合平台	产品解码显示视频无卡顿，编码预览视频无卡顿； 产品支持显示预案功能，可将样机的视频输出状态保存为场景，可设置多个场景，并可对每个场景进行配置、清空、复制、修改、切换等操作，可实现多个场景轮巡切换、预案轮巡； 产品支持虚拟云台控制功能，具备虚拟云台控制按键，可调整球机和云台的运行速度和方向，并且支持多用户云台抢占、云台控制锁定功能，产品单板支持 128 个漫游窗口叠加，支持窗口置顶或置底设置； 投标产品支持 1、2、4、6、8、9、12、16、32、36、48、64 画面分割显示； 产品支持将 25 帧或 30 帧的视频转换为 50 帧或 60 帧； 产品支持走廊模式显示功能； 投标产品支持英飞拓、PELCO 等键盘接入； 产品对录像文件解码延时≤110 ms； 产品支持 4K 输出板，最大分辨率为 4 096×2 160，其他板卡支持至少 8 种分辨率输出，即 1 920×1 080、1 680×1 050、1 600×1 200、1 400×1 050、1 280×1 024、1 280×960、1 280×720、1 024×768； 产品支持手动视频切换功能，支持将选定的视频输入切换到选定的视频输出，支持视音频同步切换、异步切换，画面切换时不出现黑屏； 同一输入通道的视频图像在不同输出端口显示的误差小于 1 ms； 投标产品可通过无线终端将视音频、图片、PPT 等传送到屏幕上显示； 采用嵌入式非 X86 架构，主控板不具备 X86 架构特征元件（CPU、内存条、硬盘、VGA 接口），并提供产品主控板照片； 产品的信号源采集后经过高速背板总线到输出显示所用平均时间应≤35 ms； 产品的图像切换时间<20 ms； 产品支持解码中断时保留最后一帧的功能，解码板不同输出口以及跨解码板的输出口之间输出色彩无色差	台	1
4	配电箱	(1)类型：≥10 kW 配电柜； (2)控制：PLC 控制器，网络远程控制； (3)元器件：断路器，接触器； (4)输入电压：380 V； (5)输出电压：220 V； (6)输出回路：3 个单向回路	台	1

续表 10-1

序号	设备名称	主要技术指标	单位	数量
5	结构、线材、安装	根据现场情况定制钢结构、厂家原装背条、主供电线缆及配电箱、主通信线缆、辅材	套	1
6	控制电脑	主机+21.5 英寸显示器、i5/8 G/1 T/2 G 独显	台	2
1	音柱	(1)4×4″全频单元； (2)8×1″球顶高音单元； (3)额定功率不小于 150 W/8 Ω； (4)特性灵敏度不小于 95 dB/W/m(有效频率带通平均)； (5)输出声压级不小于 116 dB/W/m(Continues)、122 dB/W/m(Peak)； (6)低频截止频率不高于 100 Hz，高频截止频率不低于 20 kHz； (7)辐射角度：$H100°×V40°$	只	4
2	功放机	(1)风机温控强制散热，开机软启动； (2)具备智能削峰限幅器，可通过后面板选择功能开关； (3)具有高通、低通和直通选择功能； (4)额定功率：2×200 W/8 Ω、2×300 W/4 Ω、600 W/8 Ω，桥接； (5)频率响应(±1 dB)：20 Hz~20 kHz； (6)总谐波失真(1 kHz)：≤0.5%； (7)输入灵敏度：0 dB(0.775 V)； (8)输入阻抗：平衡 20 kΩ，不平衡 10 kΩ； (9)信噪比(A 计权)：≥93 dB	台	2
3	反馈抑制器	(1)不少于双通道 18 段限波器，支持同时自动移相移频功能； (2)不少于双通道 12 段参量均衡，支持高低通分频； (3)配备 12 个场景保存调用功能，开关机自动记忆功能； (4)频率响应不低于 30 Hz~18 kHz； (5)陷波点数：18×2，静动态可设； (6)支持密码锁定/解锁； (7)语言选择：中英文； (8)保护：开关机防冲击设计； (9)电源：AC 110~220 V，50~60 Hz	台	1

续表 10-1

序号	设备名称	主要技术指标	单位	数量
4	电源时序器	（1）2 英寸彩色液晶智能显示窗,实时显示当前电压、日期时间、通道开关状态; （2）定时开关机功能,内置时钟芯片,可根据日期时间设定,无需人工操作; （3）8 路通道输出,每路延时开启和关闭时间可自由设置(范围 0~999 s); （4）10 组设备开关场景数据保存/调用,场景管理应用简单便捷; （5）欠压、超压检测及报警功能; （6）单路额定输出电流 13 A,总输出达 30 A,总功率 6 000 W,单路最大功率 2 000 W; （7）支持多台设备级联控制,级联状态可自动检测及设置; （8）配置 RS232 串口,支持外部中央控制设备控制; （9）可实现远程集中控制,每台设备自带设备编码 ID 检测和设置; （10）支持面板 Lock 锁定功能,防止人为误操作	台	1
5	调音台	（1）具备 16 路输入,不少于 8 路话放(话筒放大器); （2）输出不少于 2 组立体声输出,4 编组输出,1 路效果输出,3 路辅助输出,2 组监听输出,1 组录音输出; （3）效果及返回输入可以发送至辅助输出、编组输出与立体声输出; （4）多媒体输入可以发送至辅助输出、编组输出与立体声输出; （5）每路单通道带压限器,支持侧链压缩人声优先; （6）支持反馈抑制功能; （7）支持视频输出［CVBS,支持多格式视频文件(H、264/MKV/WMV/MP4/M4V/MOV/VOB 等)］; （8）支持蓝牙接收功能及 USB 播放; （9）支持多解码播放功能(APE/FLAC/MP3/ACC/DTS/WAV/WMA 等); （10）支持系统静音; （11）内置 99 种 DSP 效果器; （12）支持三段均衡,中频带参量 EQ; （13）采用 100 mm 衰减推子; （14）支持通道监听; （15）输入灵敏度:话筒为-70 dB,线路为-55 dB; （16）频率响应(+1/-3 dB):20 Hz~20 kHz; （17）总谐波失真(1 kHz):≤0.2%; （18）信噪比:≤-100 dB; （19）输出电压:≥16 dB; （20）输入/输出阻抗:输入,话筒为 2 kΩ,线路为 10 kΩ;输出为 300 Ω; （21）剩余噪声(总线推子后):<-97 dB; （22）通道串音:>-66 dB; （23）耳机输出:≥150 mW; （24）功耗:<50 W	台	1

续表 10-1

序号	设备名称	主要技术指标	单位	数量
6	无线手持话筒（一拖二）	（1）EIA 标准 1U,双通道分集式接收机; （2）单机预设 24 个互不干扰频率,可提供 2 000 个频道供客户自定义选择使用; （3）黑色金属面板,LED 段码式显示屏,可同时显示群组、频率、电池电量、静音位准、电子音量等相关信息,LED 灯柱显示 RF/AF 强度; （4）天线接口采用 50 Ω/TNC,支持天线环路输出,支持 8 套同型产品射频级联; （5）各频道可单独或混合输出,可切换两段输出的音量,具有 MIC/LINE 输出开关;LINE 比 MIC 输出约大 10 dB; （6）天线座提供强波器偏压,可以连接天线系统,增加接收距离及稳定的接收效果; （7）载波频段:UHF530~690.000 MHz; （8）单机频道数量:2 000 个; （9）频率间隔:25 kHz; （10）音频灵敏度:(−48±3)dB; （11）综合 S/N 比:>100 dB(A); （12）综合 T.H.D.:<0.5%@1 kHz; （13）综合频率响应:70 Hz~15 kHz; （14）最大声压级:109 dBA@1 kHz,THD 1%	套	1
7	周期对数有源天线	（1）采用对数周期偶极振子阵列,能够在面向所需的覆盖区域时提供最佳接收效果,集成式放大器具有 28 挡位增益设置,用于补偿同轴线缆的插入损失; （2）配有内螺纹用于安装,可将该天线固定在话筒支架上,也可将其悬挂在天花板上,或者使用集成式可旋转适配器固定在墙壁上; （3）可与无线接收机和天线分配器搭配使用,该天线为周期对数有源天线,需要接收机能够提供 8~12 V 直流偏压。 （4）天线为单指向性天线,对需要特定方位使用的环境有非常好的效果。 技术参数如下: （1）适用频宽范围:500~850 MHz; （2）步进增益:总增益量为 0~18 dB±2 dB,步进量为±1 dB; （3）步进衰减:总衰减量为 0~9 dB±2 dB,步进量为±1 dB; （4）天线阻抗:50 Ω; （5）天线增益:3~5 dB; （6）驻波比:≤2.5:1; （7）接收模式(3 dB 波束宽度):65°(垂直角),120°(水平角); （8）连接插座:TNC 母座×1; （9）电流消耗:约 60 mA/DC 8 V; （10）电源:TNC 母座须提供偏压电源 DC 6~10 V	只	2

续表 10-1

序号	设备名称	主要技术指标	单位	数量
8	会议系统主机	（1）支持多种会议模式：自由讨论、轮替发言、限制发言、主席优先等； （2）四组 8P-DIN 输出线，与单元手拉手连接； （3）面板具有数码显示和多种工作模式调节及指示灯； （4）具有高、中、低音均衡调节电路，独立调整系统音质； （5）具有平衡线路输出接口及不平衡线路输出接口，以适应各种设备连接方式； （6）支持多种结构的会议单元混合使用； （7）频率响应为 100 Hz～13 kHz，功率消耗为 115 W，总谐波失真≤0.15%，工作电压为 AC 220～240 V/50～60 Hz	台	1
9	主席单元	（1）单元采用方管设计，金属底座，抗手机、电磁、高频干扰，采用麦克风阵列技术，出色的拾音距离满足各种使用需求； （2）单元由系统主机供电，采用 8 芯"T"形连接线连接； （3）咪管及单元底座均有麦克风发言指示灯，可控制及显示麦克风开启/关闭； （4）具有防气爆音、内建防风防护罩功能； （5）系统中主席单元不受限制，并可置回路中位置，具有强制切断代表单元麦克风发言的优先功能和主席优先； （6）方管管体可以自由调整角度，方便灵活	只	1
10	客席单元	（1）单元采用方管设计，金属底座，抗手机、电磁、高频干扰，采用麦克风阵列技术，出色的拾音距离满足各种使用需求； （2）单元由系统主机供电，采用 8 芯"T"形连接线连接； （3）咪管及单元底座均有麦克风发言指示灯，可控制及显示麦克风开启/关闭； （4）具有防气爆音、内建防风防护罩功能； （5）方管管体可以自由调整角度，方便灵活	只	21
11	中央控制主机	（1）主频≥667 MHz 的 32 位内嵌式处理器，ARM11 CPU，内存≥256 M，Flash 闪存≥1 G； （2）完全可编程，开放式的接口，具有至少 4 个业务扩展卡槽，扩展电源模拟卡、扩展数据采集卡、扩展数据控制卡、扩展 DMX512 控制卡； （3）不低于 8 路独立可编程 RS232/422/485 控制接口，8 路弱电继电器接口和 8 路数字输入/输出 IO 接口，8 路红外可编程控制接口； （4）前面板具有设备状态指示灯和电源指示灯，具备至少 8 路 RS232/485/422 通信指示灯，8 路红外数据通信指示灯；	套	1

续表 10-1

序号	设备名称	主要技术指标	单位	数量
11	中央控制主机	（5）支持 NET、LINK、TCP/IP 三种网络通信方式； （6）支持 USB2.0 接口，可上传或下载程序； （7）支持大型组网集中管理，支持多会议室互控，远程上传和维护程序； （8）支持语音控制中控使用 UDP 发码方式，自定义语音口令绑定中控指令发送，通过 UDP 发给中控设备执行控制功能； （9）可实时控制会议室内设备，并监测设备控制状态，可实时监测应用环境中的温度、湿度、PM2.5； （10）MTBF≥40 000 h； （11）支持中控双机热备份功能	套	1
12	控制系统软件	定制开发：结合用户现场设备编程调试，包含视频显示系统、灯光系统、数字会议、雾化玻璃系统、音响广播系统等设备状态检查和控制等；支持多页面，所有页面均能摆放以下部件：普通按钮、自锁按钮、异型按钮、互锁按钮、多态按钮、多态控制条、普通控制条，且这些部件及页面都可以实现半透明和不规则效果	套	1
13	控制平板	10 英寸 IOS 触控平板	台	1
14	电源控制器	电源控制器通过 CR-NET 与可编程控制主机通信。ID CODE 可调节 CR-NET 的地址 ID，实现与可编程控制主机 RS485 网络通信。RS232 可实现通过独立 PC 机控制，可同时对多台 8 路电源控制器实现通信控制。RJ45 接口可以实现主机通过 TCP 控制 8 路电源控制器。电源控制器采用一进一出模式总共 8 路，一路输出总负载最大支持 15 A。内置光电隔离模块，可保障负载和主机安全可靠。CR-NET 不能获取电能信息，实现智能开关，RS232 和 RS485 采用相同协议进行控制和电能采集，RJ45 采用 TCP 控制和采集电能	台	1
15	高清视频会议终端	分体式高清视频终端，最大支持 8 M 速率 IP，支持 H. 264 1 080P/30FPS，本次配置支持双路 1 080P/30FPS 动态双流，支持诸如语音呼叫、多视、无线 Wi-Fi 接入、无线麦克风接入、无线数据共享、VGA 环回等特色功能	台	1
16	高清摄像头	851 万像素 1/2.5 英寸 CMOS 图像传感器，12 倍光学变焦，12 倍数字变焦，支持 4 K/1 080P/60FPS，支持倒装	台	1
17	机柜	2 000 mm×600 mm×600 mm 标准机柜	台	1
18	无线投屏器	高清 HDMI 传输音视频无线投屏器	台	1

续表 10-1

序号	设备名称	主要技术指标	单位	数量
19	彩色打印机	A4 彩色激光打印机； 支持无线/有线网络打印； 分辨率：≥600×600 dpi； 彩色打印速度：≥4 页/min； 黑白打印速度：≥18 页/min	台	1
20	黑白 打印机	A4 黑白激光多功能一体机； 支持无线/有线网络打印； 支持打印/复印/扫描； 分辨率：≥600×600 dpi； 打印速度：≥20 页/min	台	1
21	辅材与 安装	网线、音箱线、电源线、转接头、莲花头等材料和安装	套	1
22	石膏板 造型顶	8#提丝、8#内膨胀固定、间距 800 mm×900 mm、加厚 50 主龙骨、50 副龙骨、环保加筋石膏板面、不锈钢黑金条造型	m²	92.5
23	木地板	实木复合地板	m²	92.5
24	墙面顶部 刷漆	墙面刷、刮植物腻子粉、石膏粉找平、打磨、刷净味乳胶漆	m²	207.2
25	窗帘盒	8#提丝木方龙骨、奥松板底板、石膏板饰面	m	13.8
26	遮光窗帘	加厚遮光窗帘、幕布、铝质轨道	m²	38.6
27	电子屏两侧	木方骨架、饰防火涂料、双层石膏板面	m²	6.3
28	电路	顶部 2.5 mm 铜芯线、穿管、分控布线、墙面软管安装线盒、开关插座	m	92.4
29	灯箱	LED 2 400 mm×240 mm 定制灯箱	个	7
30	筒灯	120 筒灯	个	17
31	门窗封堵	拆门、门框封堵垒砖、抹灰	m²	5
32	移门、拆门	移门、拆门	套	3
33	不锈钢 踢脚线		m	41
34	电子屏不 锈钢包边		m	13.6
35	会议室门	实木烤漆复合门	套	2
36	会议桌	实木复合烤漆会议桌，长 8 000 mm，宽 2 000 mm，高 770 mm	套	1
37	椅子	橡木烤漆座椅，高密度回弹海绵，耐磨弹性面料	套	44

续表 10-1

序号	设备名称	主要技术指标	单位	数量
38	长条桌	实木复合烤漆长条桌,长 1 200 mm,宽 400 mm,高 770 mm	套	10
		小计		

序号	设备名称	主要技术指标	单位	数量
1	投影机	(1)投影方式:DLP 芯片(0.65 英寸,显示宽高比 16:9); (2)分辨率:≥1 920×1 080 dpi; (3)投影亮度:≥4 200 lx; (4)投影光源:激光二极管; (5)投影对比:300 000:1; (6)投射比:1.40~2.24; (7)镜头:手动变焦和手动聚焦、变焦比率=1.6、$F=2.5\sim3.3$ mm 或 $F=20.9\sim32.6$ mm; (8)屏幕比例:16:9; (9)光源寿命:≥20 000 h; (10)影像尺寸:30~300 英寸; (11)接口类型:音频输出≥1,VGA 接口≥1,RS232 接口≥1,音频输入≥1,音频输出≥1,HDMI 接口≥2	台	1
2	幕布	150 寸 16:9 电动幕布	台	1
3	吊架	投影机 1 m 吊架	台	1
4	会议音箱	(1)4×3.5″全频单元; (2)额定功率不小于 150 W/8 Ω; (3)特性灵敏度不小于 93 dB/W/m(有效频率带通平均); (4)输出声压级不小于 117 dB/W/m(Continues)、123 dB/W/m(Peak); (5)低频截止频率不高于 110 Hz,高频截止频率不低于 18 kHz; (6)单只水平覆盖范围为 120°,单只垂直覆盖范围为 60°	只	6
5	功放	(1)风机温控强制散热,开机软启动; (2)具备智能削峰限幅器,可通过后面板选择功能开关; (3)具有高通、低通和直通选择功能; (4)额定功率:2×200 W/8 Ω,2×300 W/4 Ω,600 W/8 Ω,桥接; (5)频率响应(±1 dB):20 Hz~20 kHz; (6)总谐波失真(1 kHz):≤0.5%; (7)输入灵敏度:0 dB(0.775 V); (8)输入阻抗:平衡 20 kΩ,不平衡 10 kΩ; (9)信噪比(A 计权):≥93 dB	台	3

续表 10-1

序号	设备名称	主要技术指标	单位	数量
6	反馈抑制器	(1)不少于双通道 18 段限波器,兼具自动移相移频功能; (2)不少于双通道 12 段参量均衡,支持高低通滤波器; (3)不少于 12 个场景保存调用功能,关机自动调用; (4)陷波点数≥2×18,静动态可设; (5)输入/输出阻抗:输入为 10 kΩ,输出为 600 Ω; (6)最大输入/输出电平:输入≤18 dB,输出≤15 dB; (7)总谐波失真(1 kHz):≤0.1%; (8)信噪比(A 计权):≥105 dB; (9)频率响应(±1 dB):30 Hz~18 kHz; (10)监测速度:高、中、低; (11)压缩功能:-40~+12 dB; (12)均衡场景:4 组; (13)均衡段数:12 段参量均衡+高低通滤波器	台	1
7	电源时序器	(1)具备 2 英寸全彩 LED,实时显示当前电压、日期时间、通道开关状态; (2)定时开关机功能,内置时钟芯片,可执行日期时间设定; (3)8 路通道输出,可自由设定每路延时开启和关闭时间; (4)支持不少于 8 组设备开关场景数据; (5)欠压、超压检测及报警功能; (6)单路额定输出电流≥13 A,总输出电流≥30 A,总功率≥6 000 W,单路最大功率≥2 000 W; (7)支持多台设备级联控制,可自动检测及设置; (8)支持外部中央控制设备控制; (9)支持远程集中控制通过 ID 检测和设置; (10)支持面板 Lock 锁定功能,防止人为误操作	台	1
8	调音台	(1)具备 16 路输入,不少于 12 路话放; (2)2 路主输出,2 路编组输出,2 路辅助输出,1 组立体声输出,1 路监听输出; (3)带 USB 接口和操作界面,可直接播放 WMA、MP3 双格式音乐; (4)内置 16 种模式的数字效果器; (5)频率响应(±1 dB):20 Hz~20 kHz; (6)总谐波失真(1 kHz):≤0.06%; (7)输入增益:话筒≥56 dB,线路≥56 dB; (8)幻象电源:48 V; (9)输入均衡:HIGH/12 kHz,MID/2.5 kHz,LOW/80 Hz	台	1

续表 10-1

序号	设备名称	主要技术指标	单位	数量
9	无线手持话筒(一拖二)	(1)采用金属机箱,具有坚固的结构、散热及隔离谐波干扰极佳的专业质量; (2)RF 高动态范围及第三代中频电路,大幅提升互不干扰的频道数及抗干扰特性; (3)预设群组,第 1~4 组预设 16 个互不干扰频率,第 5~8 组预设 24 个互不干扰频率,第 U 组为用户自定义组,最多可提供 2 000 个频道供客户自定义选择使用; (4)采用天线分集式接收及数字导音、杂音锁定双重静音控制,接收距离远,消除接收断音及不稳的缺失; (5)黑色金属面板,LED 段码式显示屏,可同时显示群组、频率、电池电量、静音位准、电子音量等相关信息,LED 灯柱显示 RF/AF 强度; (6)采用飞梭旋钮取代传统复杂的按键,操作快速方便; (7)天线接口采用 50 Ω/TNC,保持天线可靠连接的同时,支持天线环路输出,支持 8 套同型产品射频级联; (8)各频道可单独或混合输出,可切换两段输出的音量,具有 MIC/LINE 输出开关:LINE 比 MIC 输出约大 10 dB; (9)天线座提供强波器偏压,可以连接天线系统,增加接收距离及稳定的接收效果; (10)100~240 V,内置 AC 电源板,保持系统稳定,且支持 AC 电源环路输出。 技术参数如下: (1)载波频段:UHF530~690.000 MHz(常规:640.000~690.000 MHz); (2)单机频带宽度:50 MHz; (3)单机频道数量:2 000 个; (4)频率间隔:25 kHz; (5)音频灵敏度:(-48±3)dB; (6)综合 S/N 比:>100 dB(A); (7)指向性频响曲线:300~2 000 Hz,≤-8 dB; (8)综合 T.H.D.:<0.5%@1 kHz; (9)频率响应:65 Hz~15 kHz; (10)天线:50 Ω/TNC,支持天线环路输出; (11)发射器拾音头:动圈式; (12)发射器供电方式:两节电池; (13)电池寿命:约 8 h(发射器功率为高功率)	套	1

续表 10-1

序号	设备名称	主要技术指标	单位	数量
7	无线会议话筒(一拖二)	（1）采用金属机箱，具有坚固的结构、散热及隔离谐波干扰极佳的专业质量； （2）RF 高动态范围及第三代中频电路，大幅提升互不干扰的频道数及抗干扰特性； （3）预设群组，第 1~4 组预设 16 个互不干扰频率，第 5~8 组预设 24 个互不干扰频率，第 U 组为用户自定义组，最多可提供 2 000 个频道供客户自定义选择使用； （4）采用天线分集式接收及数字导音、杂音锁定双重静音控制，接收距离远，消除接收断音及不稳的缺失； （5）黑色金属面板，LED 段码显示器，可同时显示群组、频率、电池电量、静音位准、电子音量等相关信息；LED 灯柱显示 RF/AF 强度； （6）采用飞梭旋钮取代传统复杂的按键，操作快速方便； （7）天线接口采用 50 Ω/TNC，保持天线可靠连接的同时，支持天线环路输出，支持 8 套同型产品射频级联； （8）各频道可单独或混合输出，可切换两段输出的音量，具有 MIC/LINE 输出开关，LINE 比 MIC 输出约大 10 dB； （9）天线座提供强波器偏压，可以连接天线系统，增加接收距离及稳定的接收效果； （10）100~240 V，内置 AC 电源板，保持系统稳定，且支持 AC 电源环路输出。 技术参数如下： （1）载波频段：UHF530~690.000 MHz（常规：640.000~690.000 MHz）； （2）单机频带宽度：50 MHz； （3）单机频道数量：2 000 个； （4）频率间隔：25 kHz； （5）音频灵敏度：(-48 ± 3)dB； （6）综合 S/N 比：>100 dB(A)； （7）指向性频响曲线：300~2 000 Hz，≤-8 dB； （8）综合 T.H.D.：<0.5%@1 kHz； （9）频率响应：65 Hz~15 kHz； （10）天线：50 Ω/TNC，支持天线环路输出； （11）发射器拾音头：动圈式； （12）发射器供电方式：两节电池； （13）电池寿命：约 8 h（发射器功率为高功率）	套	2

续表 10-1

序号	设备名称	主要技术指标	单位	数量
11	可调增益有源定向天线	（1）采用对数周期偶极振子阵列，能够在面向所需的覆盖区域时提供最佳接收效果，集成式放大器具有 28 挡位增益设置，用于补偿同轴线缆的插入损失； （2）配有内螺纹用于安装，可将该天线固定在话筒支架上，也可将其悬挂在天花板上，或者使用集成式可旋转适配器固定在墙壁上； （3）可与无线接收机和天线分配器搭配使用，该天线为可调增益有源定向天线，需要接收机能够提供 8~12 V 直流偏压； （4）天线为单指向性天线，对需要特定方位使用的环境有非常好的效果。 技术参数如下： （1）适用频宽范围：500~850 MHz； （2）步进增益：总增益量为 0~18 dB±2 dB，步进量为±1 dB； （3）步进衰减：总衰减量为 0~9 dB±2 dB，步进量为±1 dB； （4）天线阻抗：50 Ω； （5）天线增益：3~5 dB； （6）驻波比：≤2.5∶1； （7）接收模式（3 dB 波束宽度）：65°（垂直角），120°（水平角）； （8）连接插座：TNC 母座×1； （9）电流消耗：约 60 mA/DC 8 V； （10）电源：TNC 母座须提供偏压电源 DC 6~10 V	只	2
12	音箱	（1）8×3″全频单元； （2）额定阻抗：4 Ω； （3）额定功率：260 W； （4）额定频率范围：130~20 000 Hz； （5）最大声压级：119 dB（Continues），125 dB（PEAK）； （6）特性灵敏度：94 dB/W/m； （7）音箱尺寸（$H×W×D$）：778 mm×114 mm×122 mm； （8）箱体净重：7.8 kg； （9）覆盖角度：H120°×V60°	只	2
13	功放机	（1）AH220 多功能功率放大器是针对各类现代教育培训和简易型多功能扩声，并依据现代建筑声学原理和电声技术开发的专业多功能功放； （2）集成了专业前级放大系统、音频信号处理系统、高保真低耗能功放系统等功能，为专业一体式多功能功率放大器； （3）采用全中文界面，操作一目了然； （4）无极散热风扇系统，散热效率高，节能环保；	台	1

续表 10-1

序号	设备名称	主要技术指标	单位	数量
14	功放机	（5）专业前置话筒处理系统,具有话筒独立均衡器调节,有利于抑制啸叫,改善人声; （6）内置 HUSHAN,专业 KTV 效果(非平衡式话筒); （7）具有 4 路话筒(两路平衡式和两路非平衡式)输入端,平衡式输入端具备+48 V 标准幻象电源和供电开关; （8）具备 4 路话筒输入音量独立调节功能; （9）十段话筒均衡调节,极方便处理不同话筒音质; （10）3 组立体声音源输入(2 组线路、1 组 MP3),具有高、低音音调独立调节; （11）2 路线路混音输出,适用各种录音设备和视频会议传输设备; （12）2U 国际标准机架式安装设计; （13）具有压限、真正 RS232 控制接口等功能。 技术参数如下: （1）额定输出功率:2×220 W/8 Ω,2×320 W/4 Ω; （2）输入灵敏度:线路为 500 mV±20 mV,话筒为 20 mV±2 mV; （3）频率响应:线路为 20 Hz～20 kHz,±2 dB;话筒为 40 Hz～16 kHz,±3 dB; （4）线路音调提衰量:10 dB±2 dB; （5）话筒均衡提衰量:10 dB±2 dB; （6）失真度:线路≤0.7%,话筒 ≤1%; （7）信噪比:功放部分≥100 dB,话筒部分≥82 dB; （8）保护功能:过流、过载、超温、DC 保护等; （9）录音输出:≥0 dB; （10）话筒幻象供电(卡侬话筒口):+48 V; （11）ECHO 效果处理(6.35 话筒口):混响延时、反馈、深度均独立调节; （12）USB 口 MP3 播放器:有; （13）RS232 控制接口:有; （14）压限功能:内置; （15）额定电源电压:交流 220 V,50 Hz; （16）整机净尺寸:480 mm×340 mm×105 mm; （17）整机净重:12 kg	台	1
15	55 寸显示器	55 寸 4 K 超清液晶平板电视	台	2
16	机柜	1 200 mm×600 mm×600 mm 标准机柜	台	1
17	辅材与安装	网线、音箱线、电源线、转接头、莲花头、电视机吊架等材料和安装	套	1
		小计		

续表 10-1

序号	设备名称	主要技术指标	单位	数量
1	核心交换机	（1）交换容量≥672 Gbps，包转发率≥120 Mpps； （2）≥24 个千兆 SFP 光，≥8 个 10/100/1 000 BASE-T 以太网端口，≥4 个万兆 SFP+； （3）为了提高设备可靠性，支持模块化可插拔双电源； （4）支持 MAC 地址≥64 K； （5）支持 4 000 个 VLAN，支持 Voice VLAN、基于端口的 VLAN、基于 MAC 的 VLAN、基于协议的 VLAN； （6）支持 RIP、RIPng、OSPF、OSPFv3、ISIS、BGP 等路由协议	台	1
2	接入交换机	（1）交换容量≥300 Gbps，包转发率≥120 Mpps； （2）实配≥24 个千兆电口，实配≥4 个千兆 SFP； （3）支持 MAC 地址≥32 K，支持 ARP 表项≥4 K； （4）支持 RIP、RIPng 路由协议； （5）支持 DHCPv6 Snooping，DAI，SAVI 等安全特性	台	2
3	下一代防火墙	（1）标准上架式机箱。 （2）至少配置 30 个千兆接口，SFP 接口不少于 12 个。 （3）最大吞吐量≥5 Gbps，防病毒吞吐≥2 Gbps，入侵防御吞吐≥3 Gbps，并发连接数≥2 200 000，每秒新建连接数≥40 000。 （4）IPv6/IPv4 双协议栈，支持 IPv6 下的路由、NAT、包过滤、入侵防御、病毒检测、行为管理、会话管理。 （5）支持根据连接数对 IP 进行实时排行，支持对虚拟环境的数据流进行全策略控制。支持将源 MAC 作为独立的访问控制条件，防止非法设备接入。 （6）支持基于应用的策略路由，可实现为不同的应用类型智能选择相应的链路。支持基于 Web 地址 URL 的策略路由，可实现将不同类型的网站流量智能分配到不同的链路。支持基于文件类型的策略路由，可实现将预定义或者自定义的文件按照不同的分类进行智能选路。 （7）支持 ISP 路由，支持联通、电信、教育网、移动等 ISP 服务商地址列表，列表可导出及导入，可通过 Web 界面选择不同的 ISP 服务商实现快速切换。 （8）支持区域地址所属查询，能针对国外地址进行有效防护和管理。 （9）支持细粒度的自定义 IPS 特征功能，要求支持 DNS、HTTP、FTP、TFTP、TELNET、SNMP、POP3、SMTP、IMAP 等 17 大类应用层协议的自定义，可以精准设置各个协议的字段内容，例如字符内容、偏移、长度等细粒度的参数。 （10）支持 HTTP 类攻击重定向功能，能够把 HTTP 协议的攻击类型重定向到指定蜜罐系统，便于对攻击进行审计与分析。 （11）支持入侵场景保留，可记录入侵行为相关的网络数据报文。	台	1

续表 10-1

序号	设备名称	主要技术指标	单位	数量
3	下一代防火墙	（12）支持区域地址所属查询，能针对国外地址进行有效的防护和管理。 （13）支持多接口可旁路的病毒文件传输监听检测方式，可并行监听并检测多个网段内的病毒传输行为，用于高可靠性要求的旁路应用环境。支持病毒感染主机分析与隔离，防止病毒进一步扩散，提高网络整体安全性。 （14）支持依据协议、源目的端口、二进制特征码等条件自定义应用。 （15）支持 URL 分类智能学习，可通过对已分类网站自动学习分类关键字，实现对未知网页的识别。 （16）支持基于策略的入侵检测与防护，可针对不同的源目 IP 地址、源 MAC 地址、服务、时间、安全域、用户等，采用不同的入侵防护策略。 （17）支持基于策略的病毒扫描与防护，可针对不同的源目 IP 地址、源 MAC 地址、服务、时间、安全域、用户等，采用不同的病毒防护策略。 （18）支持工业协议控制，包含 modbus、opc 等，支持协议的完整性检查，支持协议分片的控制。支持工业动态协议的 NAT 和访问控制。 （19）支持对主流数据库基于用户的细粒度权限控制，实现对数据库服务器的保护。 （20）支持工业协议控制，支持协议的完整性检查，支持协议分片的控制。支持工业动态协议的 NAT 和访问控制。 （21）针对内网应用环境，支持自定义升级服务器及服务器地址配置，保证同步更新。 （22）配置三年 IPS 特征库升级及病毒特征库升级	台	1
4	服务器	（1）国内知名的国产服务器主流厂商，具备自主产品的研发、生产能力。 （2）处理器：配置 2 颗 Intel Xeon 4 310（12 C、120 W、2.1 GHz）；最大 2 颗处理器，支持铂金、金牌、银牌、铜牌全系列级别，支持处理器功耗 ≤270 W。 （3）内存：配置 64 G DDR4 内存；支持 ≥16 个内存插槽；支持高级内存纠错（ECC）、内存镜像、内存等级保护等高级功能，最大支持 2 TB 内存容量，支持 3 200 MT/s 工作频率。 （4）硬盘：本次配置 2 块 480 G SSD+、3 块 8 T 企业级热插拔 SATA 硬盘；支持 ≥29 个 2.5 寸硬盘（含 4 个后置 LFF）或 12 个 3.5 寸硬盘，支持 SAS、SATA、NVMe 接口，支持 2 个后置基于 SATA 总线的 M.2 SSD 硬盘或 2 个后置短 RSSD 存储模块。 （5）RAID 卡：独立高性能 9361（1 G 缓存）Raid 卡，可支持 raid 0、1、5、6、10、50、60。 （6）标准接口：前置 1 个 USB3.0 接口，1 个 USB2.0 接口，1 个 VGA 接口；后置 2 个 USB3.0 接口，1 个 VGA 接口，1 个 UART 串口，1 个管理口。 （7）网口：主板集成 2 个千兆网口；支持 OCP3.0 网络模块，支持 1 GB、10 GB、25 GB、100 GB 速率；支持板载双口千兆网口 1 GB/s；支持标准 1 GB、10 GB、25 GB、40 GB、100 GB 网卡。 （8）散热：4 个热插拔、N+1 冗余、8056 风扇，支持免工具热插拔维护。 （9）电源：热插拔 550 W 高效铂金双电源；支持直流电源、导轨。 （10）支持同品牌服务器安全增强软件；采用 ROST 等安全内核加固技术，从系统层对主机服务器操作系统进行加固的内核级系统，支持对虚拟机的防护	台	1

续表 10-1

序号	设备名称	主要技术指标	单位	数量
5	操作系统	Windows server 2016 标准版	套	1
6	服务器安全软件	（1）产品以纯软件方式交付，控制中心支持虚拟化部署、支持单例部署、集群部署。 （2）需支持主流 Windows 系统，包括：Windows XP ~ Windows 10，WinServer 2003+。 （3）需支持主流 Linux 操作系统，包括：CentOS 6 +、RedHat 6+、Debian 7+、Ubuntu 14+、fedora 14+、SUSE 11+。 （4）客户端安装需支持独立打包安装、下载器安装、命令行安装、Portal 引导安装，降低安装部署工作量。 （5）支持自定义管理员角色及管辖组织结构，实现分权分域管理。 （6）支持首页声音告警，有新事件及时提醒管理人员关注。支持通过 kafka 将日志发送至第三方平台，支持通过 syslog 将日志发送至第三方平台。 （7）为增加安全能力及时效性，特征库需支持每一项独立升级，至少包含系统版本、客户端病毒库、情报库、补丁库、弱密码库、Webshell 规则库、Web 应有组件规则库。 （8）支持终端业务资产清点，包括运行进程数量、应用信息、服务、账户、启动项、网络连接、开放端口、Web 应用。 （9）支持 Web 应用清点，包括 Apache、Tomcat、Nginx、Resin、IIS、Squid、Weblogic、Jboss、ActiveMQ、Zookeeper 的版本、安装路径、使用端口信息。 （10）支持详细记录终端进程每一次变动信息，包括进程 ID、进程名、动作(启动、退出)、进程路径、父进程 ID、父进程名、进程命令行参数、启动或退出时间。 （11）支持详细记录终端服务变动信息，包括服务名、服务描述、服务类型、服务启动类型、服务运行状态、服务上一次运行状态、服务操作类型、可执行文件路径、服务命令行参数。 （12）支持详细记录终端指令信息，包括 IP、命令类型、次数、具体参数内容。 （13）支持终端基线检查，检查内容包括补丁版本、防火墙状态、远程桌面状态、共享目录状态、打印机共享权限、IPC 共享权限、屏保状态、高危端口、密码复杂度、密码长度、密码使用期限检查、弱密码等。 （14）支持安全核查后进行百分制评分，评分模式开关和各项评分占比可单独配置。 （15）支持多引擎协同检测，增加病毒检出率；支持自定义选择病毒检测引擎。	套	1

续表 10-1

序号	设备名称	主要技术指标	单位	数量
6	服务器安全软件	（16）支持账号异常登录检查,包括:新增用户、账号提权、异常时间登录、频繁登录等;支持自定义异常时间及白名单例外。 （17）支持非法外联检查,当检测到外联行为时,可对主机进行断网、外设封禁等响应能力。 （18）支持口令爆破行为检测,并可自动封禁威胁来源 IP。 （19）支持 Webshell 后门检查能力;支持自定义检测目录及白名单例外。 （20）支持端口扫描检测能力,并自动封禁远端扫描 IP;支持 IP 白名单例外。 （21）支持根据进程特征和脚本执行对反弹 shell 检测;支持记录或终止的响应能力。 （22）支持对系统命令或系统应用等关键文件的防篡改;支持自定义防护目录。 （23）支持 NAC 准入联动,实时将终端资产健康状态信息发送至 NAC,未安装客户端或健康状态不符合要求的终端禁止接入。 （24）支持多条件组合式查询,支持不同条件的包含、排除或者匹配;同时支持查询条件的精确查询、模糊查询。 （25）支持文件流转溯源,可视化跟踪恶意文件在终端的流转行为和范围。 （26）支持通过可视化大屏聚合告警统计、攻击阶段统计、威胁等级统计、恶意文件 TOP、终端告警 TOP、违规类型 TOP;支持对终端威胁态势进行综合评分,可视化呈现威胁全局、威胁分类的升降趋势;支持全元素下钻获取详细信息。 （27）支持通过可视化大屏对资产总数、违规终端、资产类型、系统类型、告警分布、告警等级、风险主机 TOP 威胁呈现终端资产全局态势;支持对终端资产进行全局、部门维度的安全评分;支持全元素下钻获取详细信息。支持 10 个 Windows 终端授权,3 年原厂服务,3 年病毒库升级	套	1
7	KVM	机架式 17 英寸 KVM 切换器 8 口	台	1
8	原服务器内存升级	16 G 服务器内存条	根	4
9	巡查终端	CPU:8 核处理器; 屏幕:≥6.6 英寸; 分辨率:≥1 920×1 080 dpi; 内存:≥8 G; 存储:≥128 G; 电池:≥4 000 mAh	台	6

续表 10-1

序号	设备名称	主要技术指标	单位	数量
10	专线增容	专线增容费用	套	1
11	短信服务 (10万条/年)	10万条,1年资费	套	1
12	千兆光模块		个	8

小计

序号	名称	主要技术指标	单位	数量
1	工程建设 监理费		项	1
2	勘察设计费		项	1
3	项目运维费	运维费用,包含维护系统正常运行、设备维护、人工校验、管理等费用	年	5

第 11 章　建设管理情况

2018 年 4 月 14 日,山东省公共资源交易监督管理局专家组到许家崖水库进行考核,经专家评审考核,许家崖水库获得山东省"二级"规范化管理单位。

11.1　项目设计与批复情况

11.1.1　设计情况

根据鲁水运函字〔2021〕50 号《关于进一步做好 2021 年度大中型水库安全监测设施改造提升的通知》精神要求,2022 年 4 月 20 日,许家崖水库管理中心委托水发规划设计有限公司进行实施方案编制,6 月 10 日前完成方案编制。

11.1.2　批复情况

2022 年 6 月 17 日,费县水利局组织召开《费县许家崖水库信息化管理平台项目实施方案》评审会。2022 年 7 月 1 日以费水发〔2022〕32 号文对《费县许家崖水库信息化管理平台项目实施方案》进行了批复。

11.1.3　招投标过程

2022 年 8 月 1 日,费县许家崖水库管理中心委托旭东泰昇工程管理咨询(山东)有限公司在中国政府采购网、全国公共资源交易平台(山东省临沂市)、中国山东政府采购网上发布公告,许家崖水库大坝安全监测信息化平台建设项目分为监理标和施工标,施工标又分为许家崖水库大坝安全监测信息化平台建设项目(A)和许家崖水库信息化综合管理平台建设项目(B)两个标包。监理标于 2022 年 8 月 18 日开标,经评标委员会评定,中标单位为山东正禹工程监理有限公司;施工标于 2022 年 8 月 24 日进行了开标、评标,经评标委员会专家评定,A 包中标单位为山东华特智慧科技有限公司,B 包中标单位为宁波弘泰水利信息科技有限公司。

11.1.4　主要建设内容及建设工期

11.1.4.1　许家崖水库大坝安全监测信息化平台建设

1. 大坝安全监测管理平台软件数据接入和提升

建设水库大坝安全运行综合监测分析管理系统信息化软件数据接入和提升系统 1 套,全面提升大坝安全信息化、规范化管理水平。

2. 水库大坝变形监测系统

根据大坝的长度、分布等现状,部署 27 处人工观测点、18 处位移监测点,分布在以下断面:0+050、0+150、0+450、0+550、0+650、0+750。建设可靠、高速的数据传输网络,实现各测站数据与中心的实时传输。

3. 水库大坝渗流监测系统

对水库大坝位置 54 处渗压监测点部署 54 套远程渗压遥测仪,实现对渗流数据的采集、存储、上传管理功能。

4. 水库溢洪闸渗流监测系统建设

对溢洪闸位置新建 3 处 15 套 MCU 远传设备,实现对渗流数据的采集、存储、上传管理功能。

11.1.4.2　许家崖水库信息化综合管理平台建设

1. 综合管理平台升级

综合管理平台升级包括数据资源及服务完善、水库工程标准化数字管理平台建设、水库可视化数据大屏建设。

2. 基础感知体系

基础感知体系包括浮子水位监测系统和视频监控系统。

3. 数据机房建设

数据机房建设包括机房基础装修、机房防雷接地和机房网络建设。

4. 会商室建设

会商室建设包括会商室大屏幕系统建设、音频系统建设、中央控制系统建设、视频会议系统建设及会商室装修。

5. 多媒体升级

多媒体升级包括三楼会议室投影系统升级、音频系统升级和一楼大厅电子屏音频系统升级。

11.1.5　建设工期

费县许家崖水库信息化管理平台项目自 2022 年 9 月 1 日开工,于 2022 年 10 月 30 日完工。

11.1.6　工程规模和完成的主要工程量

许家崖水库大坝安全监测信息化平台建设完成的主要工程量见表 11-1。

表 11-1　大坝安全监测完成的主要工程量

工程项目名称	单位	数量
大坝安全监测管理平台软件数据接入和提升	套	1
工控机	台	1
水库大坝变形监测系统	套	18
垂直位移监测点	个	27
测压管清洗	个	36

续表 11-1

工程项目名称	单位	数量
远程渗压遥测仪	套	54
MCU	套	15
太阳能供电装置	套	15
测压管管口防护装置	套	54
新建测压管	m	350
5 年运行维护费	项	1
新建测压管基础	个	18

许家崖水库信息化综合管理平台建设完成的主要工程量见表 11-2。

表 11-2　信息化管理平台完成的工程量

综合管理平台升级			
序号	工程或费用名称	单位	数量
一	数据资源及服务完善		
1.1	基础资料收集与处理		
1.1.1	水库基础资料收集	套	1
1.1.2	资料整编处理	套	1
1.2	现有数据资源整合	套	1
1.3	数据库完善建设		
1.3.1	基础信息数据库完善	套	1
1.3.2	业务管理数据库完善	套	1
1.4	数据交换共享服务	套	1
二	水库工程标准化数字管理平台建设		
2.1	标准化功能模块完善		
2.1.1	形象面貌	套	1
2.1.2	设施设备管理	套	1
2.1.3	防汛物资	套	1
2.1.4	险情管理	套	1
2.1.5	两册一表	套	1
2.1.6	管理制度	套	1
2.1.7	管理自评内容		
2.1.7.1	自评指标管理	套	1
2.1.7.2	管理自评内容	套	1
2.1.7.3	自评问题管理	套	1

续表 11-2

序号	工程或费用名称	单位	数量
2.2	移动工作平台		
2.2.1	维修养护信息	套	1
2.2.2	调度运行信息	套	1
三	水库可视化数据大屏		
3.1	业务场景构建	套	1
3.2	关联数据抽取	套	1
3.3	数据统计分析	套	1
3.4	可视化设计	套	1
3.5	许家崖水库防汛调度专项建设	套	1

基础感知体系

序号	设备名称	单位	数量
一、浮子水位监测系统			
1	浮子式水位计	套	1
二、视频监控系统			
1	400 万像素全彩筒型网络摄像机	台	8
2	全彩全景枪球智能一体机	台	7
3	立杆 4 m,带避雷针	支	9
4	防水控制箱	套	9
5	NVR(16 路)	台	1
6	光纤收发器(一对)	套	5
7	视频监控专线	条	4
8	主电缆	m	487.5
9	电缆	m	320
10	应用软件接口	套	1
11	配套辅材及安装	套	1
12	无线球机(含支架)(变更)	台	1
13	存储卡	张	1
14	4 m 监控杆(含地笼)(变更)	支	1
15	太阳能控制器	套	1
16	太阳能板(含支架)(变更)	套	1
17	电池(变更)	套	1

续表 11-2

序号	设备名称	单位	数量
18	室外 500 mm×500 mm 设备箱(变更)	套	1
19	玥玛锁(变更)	把	1
20	流量卡(变更)	套	1
21	设备安装(变更)	套	1

数据机房

序号	设备名称	单位	数量
一、基础装修			
1	全钢无边抗静电地板	m²	14.523
2	防静电地板支架	m²	14.523
3	不锈钢踢脚线	m	15.14
4	地面橡塑板绝热层	m²	15.14
5	入口台阶	套	1
6	金属吸音天花板	m²	14.523
7	天花吊顶龙骨、丝杆	m²	14.523
8	LED 灯	个	4
9	墙面彩钢板	m²	43.835
10	轻钢骨架	m²	49.383
11	设备承重架	套	1
12	市电柜	套	1
13	辅材	项	1
二、防雷接地			
1	接地铜排	m	4.82
2	网格接地铜箔	m	31.88
3	铜排固定端子	套	6
4	接地母线	m	18
5	等电位连接线	m	8
6	等电位端子箱	套	1
7	等电位连接器	套	1
8	防反击箱	套	1
9	室外接地	项	1

续表 11-2

序号	设备名称	单位	数量
三、其他			
1	监控摄像头	个	1
2	气体灭火器	个	2
3	机柜	台	2
4	辅材及安装	套	1
5	机房主电缆(变更)	m	46
6	会议室电缆(变更)	m	20
7	电缆配件(变更)	套	1
8	电缆安装	工日	2
9	辅材施工(变更)	工日	3

会商室建设

序号	设备名称	单位	数量
一、会商室大屏幕			
1	小间距 LED 显示屏	m^2	9.744
2	LED 发送卡	台	4
3	视频综合平台	台	1
5	配电箱	台	1
6	结构、线材、安装	套	1
7	控制电脑	台	2
二、音频系统			
1	音柱	只	4
2	功放机	台	2
3	反馈抑制器	台	1
4	电源时序器	台	1
5	调音台	台	1
6	无线手持话筒(一拖二)	套	1
7	周期对数有源天线	只	2
8	会议系统主机	台	1
9	主席单元	只	1
10	客席单元	只	11

续表 11-2

序号	设备名称	单位	数量
三、中央控制系统			
1	中央控制主机	套	1
2	控制系统软件	套	1
3	控制平板	台	1
4	电源控制器	台	1
四、视频会议系统			
1	高清视频会议终端	台	1
2	高清摄像头	台	1
五、装修			
1	石膏板造型顶	m²	89.193
2	木地板	m	91.987
3	墙面顶部刷漆	m²	174.84
4	窗帘盒	m	13.8
5	遮光窗帘	m²	39.05
6	电子屏两侧	m²	0
7	电路	m	91.987
8	灯箱	个	0
9	筒灯	个	21
10	门窗封堵	m²	5.2
11	移门、拆门	套	4
12	不锈钢踢脚线	m	49.66
13	电子屏不锈钢包边	m	14.02
14	会议室门	套	0
15	会商室窗户（变更）	m²	17.44
16	会商室大屏幕外框及柱子装饰（变更）	m²	36
17	会商室形象墙（变更）	m²	18.76
18	会商室灯池（变更）	m²	38.12
19	接待室小灯箱（变更）	个	4
20	防盗门窗（变更）	套	1
21	空调移机（变更）	台	3
22	会商室门锁（变更）	套	3

续表 11-2

序号	设备名称	单位	数量
23	防盗门锁(变更)	套	1
24	窗户拆除(变更)	工日	3
25	修复吊顶(变更)	工日	2
26	原石膏板及骨架拆除(变更)	工日	6

多媒体升级

序号	设备名称	单位	数量
一、三楼会议室投影系统			
1	投影机	台	1
2	幕布	台	1
3	吊架	台	0
二、三楼会议室音频系统			
1	会议音箱	只	6
2	功放	台	3
3	反馈抑制器	台	1
4	电源时序器	台	1
5	调音台	台	1
6	无线手持话筒(一拖二)	套	1
7	无线会议话筒(一拖二)	套	2
8	可调增益有源定向天线	只	2
三、一楼大厅电子屏音频			
1	音箱	只	2
2	功放机	台	1
四、其他			
1	55寸显示器	台	2
2	机柜	台	1
3	辅材与安装	套	1

网络建设

序号	设备名称	单位	数量
1	核心交换机	台	1
2	接入交换机	台	2
3	下一代防火墙	台	1

续表 11-2

序号	设备名称	单位	数量
4	服务器	台	1
5	操作系统	套	1
6	服务器安全软件	套	1
7	KVM	台	1
8	原服务器内存升级	根	4
9	巡查终端	台	6
10	专线增容	套	1
11	短信服务（10 万条/年）	套	1
12	千兆光模块	个	8
13	光缆（变更）	m	105
14	48 口交换机（变更）	台	1
15	24 口交换机（变更）	台	1
16	防水控制箱（变更）	台	1
17	无线控制器（变更）	台	1
18	高密 AP（变更）	台	3
19	面板 AP（变更）	台	2
20	投影仪电动升降支架（变更）	台	1
21	网络机柜（变更）	台	1
22	辅材及实施（变更）	工日	6
23	无线网桥（变更）	对	1
24	8 口千兆交换机（变更）	台	2
25	5 口千兆交换机（变更）	台	1
26	千兆光纤收发器（变更）	对	2

11.2　建设工程项目管理

11.2.1　工程建设有关单位

11.2.1.1　主管单位和水管单位

许家崖水库信息化管理平台建设工程主管单位为费县水利局，费县水利局负责计划下达、设计审批等工作。水管单位为费县许家崖水库管理中心，费县许家崖水库信息化管理平台项目主要由工程管理科和财务科两个科室具体负责完成。工程管理科主要负责计划的编制、设计管理、合同管理、质量管理和验收管理等工作。财务科主要负责合同签订、资金控制等工作。合同签订后,施工单位编制施工组织设计,报监理单位审批,然后依据现行有关水利工程有关标准、规范实施,施工单位做好施工日志的记录等工作,按监理单位要求提交《工程现场签证单》。

11.2.1.2 设计单位

许家崖水库信息化管理平台建设工程由水发规划设计有限公司设计,设计单位按时提交了设计成果。设计单位负责实施方案的编制,在项目实施过程中,对设计方面的问题及时给予答复和解决。

11.2.1.3 施工单位

许家崖水库信息化管理平台建设工程由山东华特智慧科技有限公司和宁波弘泰水利信息科技有限公司具体实施。按照合同要求组建了项目部,建立完善了质量及安全保证体系。

11.2.1.4 监理单位

许家崖水库信息化管理平台建设工程监理单位为山东正禹工程监理有限公司。监理单位根据合同条款约定,通过现场记录、发布文件、旁站监理、巡视检查、跟踪监测、工作协调等方法对工程实施质量控制、进度控制、投资控制和安全控制。

11.2.1.5 质量监督单位

费县水利局工管站通过定期和不定期的巡查、抽查的方式,使该工程质量得到有效的控制。

11.2.1.6 项目实施情况

为了加强工程项目管理,使工程在保质保量的前提下按期完成,费县许家崖水库信息化管理平台项目由工程管理科、安保管理科和财务科具体负责。工程管理科主要负责施工方案制订、人力安排及调配,项目实施过程中的质量监督与控制;安保科负责整个施工过程中的施工安全生产等工作;财务科负责合同签订、资金控制等。费县许家崖水库信息化管理平台项目自 2022 年 9 月 1 日开工,于 2022 年 10 月 30 日完工。

11.2.2 投资计划情况

许家崖水库信息化管理平台建设项目批复总投资为 404.66 万元。资金来源为费县财政补助资金。

11.2.3 合同管理情况

2022 年 8 月 25 日,费县许家崖水库管理中心分别与山东华特智慧科技有限公司和宁波弘泰水利信息科技有限公司签订了施工合同,合同金额按照项目实施技术方案据实结算。合同在执行过程中,发包方严格按照约定的条款,对项目建设的进度、质量和费用等方面进行了严格管理,无违约现象发生。

11.2.4 投资完成及资金结余情况

许家崖水库信息化管理平台建设项目财政批复投资 4 046 600.00 元,实际完成投资

3 901 723.35 元,其中施工投资 3 749 723.35 元,设计费 80 000.00 元,监理费 59 000.00 元,竣工审计费用 13 000.00 元。许家崖水库信息化管理平台建设工程结余资金 144 876.65 元。

11.3　工程质量管理

11.3.1　工程质量管理体系

2021 年 10 月 18 日,费县水利局以费水发〔2021〕40 号文下发《关于费县许家崖水库信息化管理平台工程建设领导小组的批复》,对安全监测设施改造提升工程的质量与安全进行监督管理。

工程施工过程中推行全员质量管理,加强参与单位人员的质量意识,工程施工人员遵守各项操作规程,加大检查力度,不断改进施工工艺,确保工程质量。施工过程中健全施工档案资料,坚持技术交底制度、工程检验制度。

11.3.2　严格实行"三检"制度

许家崖水库信息化管理平台建设工程施工质量由施工单位负责,施工过程中严格实行"三检"制度,保证了工程的施工质量;对施工过程中的技术、质量实行全方位的监督,项目部生产科负责施工放线、技术检查、监督,并实行动态跟踪管理,质检科承担整个工程在施工过程中质量检查等工作,对没有通过"三检"的工序不允许进入下道工序施工,并坚决令其返工,直至符合技术规范以及合同约定。

11.3.3　项目划分及完成情况

许家崖水库信息化管理平台建设项目共划分为 2 个单位工程(A 包和 B 包各为一个单位工程)、7 个分部工程(A 包分为 2 个分部工程,B 包分为 5 个分部工程)、36 个单元工程(A 包为 19 个单元工程,B 包为 17 个单元工程),现已全面完成,单元工程全部合格,合格率为 100%。

11.3.4　工程验收

单元工程验收由监理单位根据工程进展情况,条件具备后随时验收,单元工程验收手续齐全,36 个单元工程验收全部合格。

2022 年 12 月,由监理单位组织建设单位、施工单位共同组成的分部工程验收小组,对该项目所有的 7 个分部工程进行了验收,形成了验收意见,分部工程全部合格。

2022 年 12 月,由建设单位组织监理单位、施工单位共同组成的单位工程验收委员会,对该项目进行了单位工程验收,通过了单位工程验收鉴定书,形成验收意见,工程质量合格。

11.4　历次检查情况和遗留问题处理

11.4.1　历次检查情况

历次检查验收过程中未发现违章操作和项目质量问题。

11.4.2　遗留问题处理

略。

11.5　经验与建议

（1）领导重视是保障。市、县领导非常重视，许多领导和专家多次来工地现场检查、指导，对工程建设给予了大力支持。

（2）优秀的施工和监理队伍是前提。建设队伍是工程建设的核心要素，通过全国范围的招标，按照好中选优、优中选精的原则，确定出优秀的监理单位和高素质的施工队伍，为工程建设走好关键的第一步。

（3）严格质量安全管理是关键。建立健全质量保证体系，强化施工现场的施工管理，是保证工程质量的关键环节。为了确保工程建设质量，在建立了监理单位的质量控制体系和施工单位的质量保证体系的同时，狠抓施工现场的质量管理。

（4）认真负责是基础。工程建设过程中，工程办专业技术人员全力投入、积极作为、恪尽职守，做到了从规划设计到施工管理的环环紧扣、压茬进行和有序推进，实现了工程优质的目标。

第 12 章　运行管理情况

12.1　运行管理

费县许家崖水库管理中心作为工程运行管理单位,积极参与了工程的前期筹备工作和工程建设全过程。在前期筹备工作过程中,多方面为勘察、设计单位提供工程原始资料、测绘地形图,对工程项目进行划分,同时派出工程技术人员进行协调和服务,使前期勘察、规划、设计工作得以顺利进行。在工程建设过程中,水库管理中心配合施工单位积极参与到工程建设中,一线职工充分发挥各自的职能,始终紧靠工程一线,贯穿了工程建设的全过程,做好各项技术落实工作以及财务管理、档案整理工作等,协助监理单位搞好工程周边关系,同时不断积累经验,为工程运行管理的科学规范化打下了坚实的基础。

12.1.1　建立规章制度

规章制度是完成工作的标准和指导,许家崖水库管理中心狠抓各项规章制度的建立和健全工作,并在多年的工作实践中,逐步加以修订和完善,截至目前已制定或正在制定多项规章和管理制度及办法,为以后各项工作的顺利开展奠定基础。先后制定了"安全保卫制度""财务管理制度""大坝安全管理制度""许家崖水库工程监测制度""水电站安全管理运行制度""水库工程安全检查制度""水库工程安全事故报告制度""许家崖水库维修养护制度""许家崖水库巡视检查制度"等 17 项有关制度、规定,有效地对运行管理人员进行管理,明确职工职责,切实履行好应承担的责任和义务。

12.1.2　人员培训情况

为保证项目的质量及正常运行,以及实际管理的需要,施工单位应对系统的操作人员、系统管理人员和系统维护人员进行系统操作维护培训,包含安装、调试、维护、操作等方面的技术培训,直至能熟练独立操作。详细培训内容如下:

(1)所投设备的操作、运行和维护。根据设备安装现场实际情况进行现场指导,讲解各种设备工作原理、工作流程、操作面板上各个开关按钮的作用以及操作和维护方法,使参加培训人员能够对设备进行开、关机操作以及简单的功能操作和维护操作。

(2)所投设备的设备维修、故障分析。根据设备安装现场实际情况进行现场指导,讲解各种设备内部结构以及线路连接结构,介绍误操作可能对设备造成的影响,并着重介绍设备出现故障后,如何判断故障原因,以及设备检修方法,使参加培训人员能够对设备进行检修、故障处理。

12.1.3 生产管理用品配置

（1）管理安全用具：绝缘垫、绝缘手套、绝缘靴。
（2）各式标示牌、灭火器等。
（3）生产管理资料：运行记录本、运行日记本、检修记录本等。
（4）设备缺陷通知处理记录本、异常情况记录本、事故记录本、工作票和操作票等。
（5）资料柜。
（6）检修、维护工具：常用工具、专用工具、常规检测仪器等。
（7）主要设备规格、检修情况表。

12.1.4 已接管工程运行维护情况

目前水库大坝安全监测设施运行正常。

12.1.5 下一步安全监测设施运行管理计划

许家崖水库信息化管理平台项目质保期为 3 年，施工单位在质保期结束后提供 5 年的运行维护。为保证系统安全、稳定、有效地运行，需要在运行中不断地发现问题，并及时解决问题；同时也需要不断地进行分析总结，这样才能使运行管理工作更安全、可靠。为确保工程长期安全、稳定运行，系统操作、维护、管理人员必须做好以下几方面的工作：

（1）保证系统正常运行，系统运行有问题时，及时与施工单位沟通，开通远程诊断，及时解决问题。
（2）设备及工程缺陷、故障的处理工作，需要费县许家崖水库管理中心继续协调有关厂家、施工单位继续进行解决和配合。
（3）做好设备技术台账、运行技术台账、运行规程、管理制度、档案资料管理等工作，争取档案管理升级。

12.2 工程初期运行

12.2.1 工程初期运行

费县许家崖水库信息化管理平台建设项目于 2022 年 9 月 1 日正式开工，并于 2022 年 10 月 30 日完工。从目前运行情况来看，工程符合规范和设计要求，监测设施完好，设备正常运行。

12.2.2 工程初期运行效益

通过费县许家崖水库信息化管理平台项目建设，可全方位监测、监控，快速响应，快速预警和高效处置水利工程相关事宜，提高领导决策的科学性，提升联动能力，为临沂市防汛抗旱、灌溉等提供科学支持，有助于预防和减少自然灾害、事故灾难等造成的公共财产损失。

平台建成将大大提高日常业务管理工作的效率,提高信息资源利用率,提高对事件的反应能力,优化工作流程,降低管理成本。

许家崖水库信息化管理平台项目建设过程中,可以集成、利用许家崖水库管理中心已有的设备、网络、数据、系统等各类资源,同时项目建设过程中产生的数据、系统等也可以通过平台为其他部门提供服务,为许家崖水库管理中心提供数据资产,实现数据、系统等信息资源的融合、共享、集约。

12.2.3　运行过程中出现的问题及原因分析

(无)

12.3　工程监测资料分析

工程初期运行过程中未出现异常情况,通过变形资料分析,认为目前大坝总体变形小,水平和垂直方向变形分布符合一般规律,满足设计要求,大坝运行性能良好,今后还应按照有关规范要求加大安全监测、监控等工作,确保大坝安全运行。

参考文献

［1］马梦鸽,厍海鹏.安全监测自动化技术在三河口水利枢纽中的应用[J].陕西水利,2022(8):109-112.

［2］李大明,王娟,雷金新.三里坪水电站安全监测监理实践[J].人民长江,2012,43(6):100-102.

［3］黄振敏.水库大坝安全监测自动化系统的应用[J].电子技术与软件工程,2020(17):113-114.

［4］宋智全.自动化技术在大坝变形监测中的应用研究[J].江西建材,2018(13):35-36.

［5］杨洪宁.成本效益评价模型在小型水库降等与报废综合测算中的应用[J].水利技术监督,2021(6):100-104.

［6］孟照宇.关门山水库除险加固效益后评价[J].黑龙江水利科技,2020(5):219-224.

［7］罗少军.突出重点 狠抓落实 全力做好水库除险加固和运行管护工作[J].河北水利,2021(8):6-7.

［8］刘红艳.基于判决矩阵十字涧水库除险加固工程社会风险评价[J].山西水利,2021(19):209-210,213.

［9］罗江.基于广播星历的BDS与GPS在大坝变形监测中的数据分析[J].武汉:城市勘测,2021(4):87-90.

［10］刘恒,柯虎,江德军.BDS在某大坝外部变形监测系统中的运行状态研究[J].成都:四川水力发电,2021(4):24-28.

［11］张宗亮.HydroBIM-厂房数字化设计[M].北京:中国水利水电出版社,2021.

［12］赵宇飞,祝云宪,姜龙,等.水利工程建设管理信息化技术应用[M].北京:中国水利水电出版社,2018.

［13］刘志强.水利信息化[M].长沙:中南大学出版社,2007.

［14］李宗尧,胡昱玲,王同如,等.水利工程管理技术[M].北京:中国水利水电出版社,2016.

作者简介

刘国良,男,1974年2月出生于山东省费县。1995年毕业于华北水利水电学院(邯郸市)水利水电工程建筑专业,同年在费县石沟拦河闸工程管理所从事水利工程建设与管理工作,2017年12月获得水利水电工程施工高级工程师职称。现任费县许家崖水库管理中心工程管理办公室副主任、工程科科长。多年来,主要从事工程建设与管理工作,参加了许家崖水库除险加固工程、石沟拦河闸除险加固工程、许家崖水库灌区节水配套工程、许家崖水库生态保护工程、2017—2022年许家崖水库维修养护项目;并于2021年参加了费县许家崖水库安全监测改造提升工程,2022年参加了费县许家崖水库信息化管理平台建设。在工程建设和管理过程中发表论文数篇,获得了2021年度山东省农林水牧气象系统"乡村振兴杯"创新三等奖(首位)、2022年度山东省农林水牧气象系统"乡村振兴杯"创新三等奖(第二位),参与编制的许家崖水库除险加固工程设计方案获得了山东省优秀水利水电工程勘察设计一等奖(第五位)。

甄宝丽,女,1974年9月出生于山东省费县,1992年6月毕业于山东省临沂市技师学院,同年参加工作;1997年7月毕业于中共中央党校函授学院经济管理专业,2022年获得工程师职称。多年来,主要从事水库运行管理、工程建设管理、水电运行管理等工作。参加了许家崖水库除险加固工程、许家崖水库水电站增效扩容改造项目、石沟拦河闸除险加固工程;2021—2022年先后参加了许家崖水库省水利工程标准化管理示范工程、国家级标准化管理工程、山东省档案管理工作评价示范单位、山东省农林水总工会"劳模和工匠人才创新工作室"等创建工作。在工程建设和管理过程中发表论文数篇,获得了2021年度山东省农林水牧气象系统"乡村振兴杯"创新一等奖(第三位)、三等奖(第二位)。